普通高等教育“十二五”规划教材

程序设计基础实例化翻转教程

（C语言）

主　编　刘华富　魏　歌

北京邮电大学出版社

·北京·

内 容 简 介

本书按照由“范例导学”(自学)到“知识详解”(解惑)再到“应用实践”(应用)的结构，较系统地介绍了C语言的语法、语义与语用及结构化程序设计的概念、方法与基本技术。本书的主要内容有C语言概述、数据类型、运算符、表达式、输入和输出、程序的控制结构、数组、指针、结构体、联合体、枚举、链表、函数、文件等内容。本书适合作为本科高等学校计算机专业C语言程序设计课程教学教材，或职业技术学院计算机专业教材，也可作为自学C语言或培训程序设计的教学机构使用，还可作为工程设计人员的参考用书。

图书在版编目(CIP)数据

程序设计基础实例化翻转教程 / 刘华富，魏歌主编．-- 北京：北京邮电大学出版社，2016.8
ISBN 978-7-5635-4591-9

Ⅰ．①程… Ⅱ．①刘… ②魏… Ⅲ．①程序设计—教材 Ⅳ．①TP311.1

中国版本图书馆CIP数据核字(2015)第301169号

书　　名 程序设计基础实例化翻转教程
主　　编 刘华富　魏　歌
责任编辑 向　蕾
出版发行 北京邮电大学出版社
社　　址 北京市海淀区西土城路10号(100876)
电话传真 010-82333010　62282185(发行部)　010-82333009　62283578(传真)
网　　址 www.buptpress3.com
电子信箱 ctrd@buptpress.com
经　　销 各地新华书店
印　　刷 北京九州迅驰传媒文化有限公司
开　　本 787 mm×1 092 mm　1/16
印　　张 18.5
字　　数 460千字
版　　次 2016年8月第1版　2016年8月第1次印刷

ISBN 978-7-5635-4591-9　　定价：39.00元

前　　言

在培养应用型人才教学改革和教学实践中，如何调动学生自主学习的积极性、自觉参与到教学过程中来，是我们始终关注的焦点之一。

C语言是大部分本科高等学校计算机专业教学使用最广泛的程序设计语言，也是大部分学生从中学到大学后学的第一门计算机专业课程；因此，如何解决学生对于学习计算机专业课程的畏难情绪，使学生能积极参与到教学过程中来，并能较早地开始动手获得学习过程中的满足感，是我们编写本书的出发点。

翻转教学是以学生自学为主，由自学、质疑到解惑的教学过程。本书基于对这一思想的理解，尝试性地将简单程序纳入到学生自学范围，从而形成由“范例导学”（自学）到“知识详解”（解惑）再到“应用实践”（应用）的格局。希望以这种形式，部分解决学生自学参与度不足的问题。

本书参考了国内外著名的C语言教材，根据我们在教学改革和教学实践中的体会，按照应用型人才培养目标，力求体现如下特色：

1. 难度上递进。第一部分最为容易，适用于自学；第二部分详细讲述，适用于教学；第三部分只作介绍，适用于课外兴趣。

2. 以“读”促练。通过大量的基础程序阅读，提高学生的程序思维能力。每个程序都有其运行结果，方便学生在没有机器的条件下自学。

3. 一点一例。每个知识点都有一个简单范例展示其功能，让学生能直观地了解知识点的应用。

本书是在我校与安博教育集团合作编写的教材《C语言项目化实践教程》和《C语言程序设计教程》的基础上重新构思编写的，由刘华富和魏歌共同构思策划，由魏歌执笔，由卓琳、孟志刚等多位教学经验丰富并且在教学一线任课的教师和有多年实际项目开发经验的大型软件企业工程师共同参与讨论，真正做到了教学实践和工程实践的深切融合，适合作为高等学校C语言程序设计课程的教材，也可以作为工程设计人员的参考用书。

长沙学院ACM（美国计算机协会）程序设计竞赛队员全贺菁、石文、欧建桓、李亦轩、余星、陈琳、王重和、丁金如等同学参与了范例代码的编写、录入和全书校对等工作，在此对这些同学表示由衷感谢。

最后向所有关心、支持本书出版的领导和同事表示由衷的感谢，向使用我们教材的读者表示诚挚的谢意，教材中可能存在的缺点和错误，也请各位读者不吝指教。

长沙学院　刘华富

2016. 8

目　　录

第1章　程序入门与开发环境说明

第1节　程序与语言

语言是交流工具，是人类描述思维的基础，是一套符号和语法规则的集合。程序设计语言(programming language)作为一种语法规则相对简单的人工语言，它提供了人类与计算机交流的途径。使用程序设计语言的人被称为程序员(programmer)，他们通过程序设计语言向计算机传达人类思想和指令；而程序(program)则是这些指令的载体，它指导计算机完成特定的工作。

本书将带领读者走进程序的世界，教读者一种将思想传达给计算机的方法，让计算机帮助人们完成复杂的工作。

程序设计语言的发展有一个从低级到高级的过程。从低级的机器语言(machine language)和汇编语言(assembly language)发展到各种形式的高级语言(high-level language)历经数十年。早期的语言如机器语言和汇编语言更接近机器的逻辑，执行效率高但却不易被人们掌握和使用。高级语言如BASIC语言、PASCAL语言、Java语言和C语言(C language)相对而言易学、易用，能更好地描述复杂的逻辑。其中的C语言更是一种使用非常广泛的计算机高级程序设计语言。

1972年，美国贝尔实验室的丹尼斯·里奇(Dennis Ritchie)和肯·汤普森(Ken Thompson)设计并实现了C语言。1989年，美国国家标准局(American National Standard Institution)为C语言制定了一套完整的国际标准语法，称为ANSI C，是现行的C语言标准。1983年，贝尔实验室的本贾尼·斯特劳斯特卢普(Bjarne Stroustrup)博士发明并实现了C++语言(C plus plus language)。C++语言在C语言的基础上引入了面向对象程序设计的思想，是C语言的超集。

虽然C++语言有ANSI标准和ISO(国际标准化组织)标准，但各软件公司开发的C++语言版本并不都严格遵守它们，而是与标准保持兼容且稍有修改和扩充。GNU GCC(GNU编译器套件)是目前最符合和接近C++标准的编译器之一，也是国际大学生程序设计竞赛(ACM-ICPC)上使用的标准编译器。本书采用 bloodshed Dev-C++作为标准开发环境。Dev-C++是一个开源(open source)的开发环境，拥有适合初学者使用的各种语言版本，当然也包括中文版。

第 2 节　准备开发环境

Dev-C++的安装比较简单，下载安装包后直接双击，基本上一直单击“next”按钮(“下一步”按钮)即可完成。如需使用中文版，只需在 Dev-C++ first time configuration(Dev-C++第一次配置)中，将语言设置为 Chinese(中文)即可。安装过程如图 1-1～图 1-8 所示。

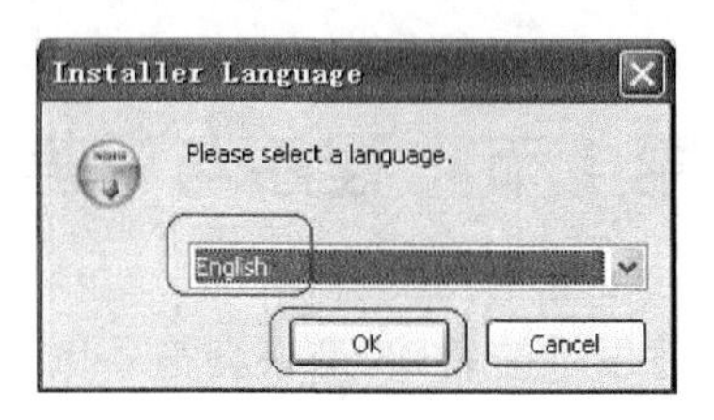

图 1-1　选择安装语言(英语)

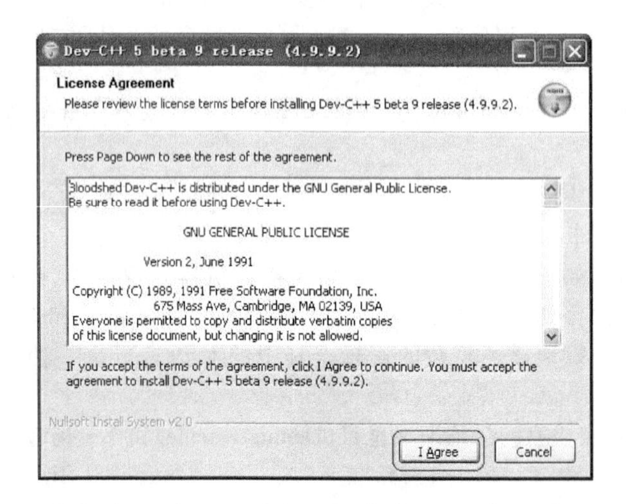

图 1-2　同意 GPL 协议

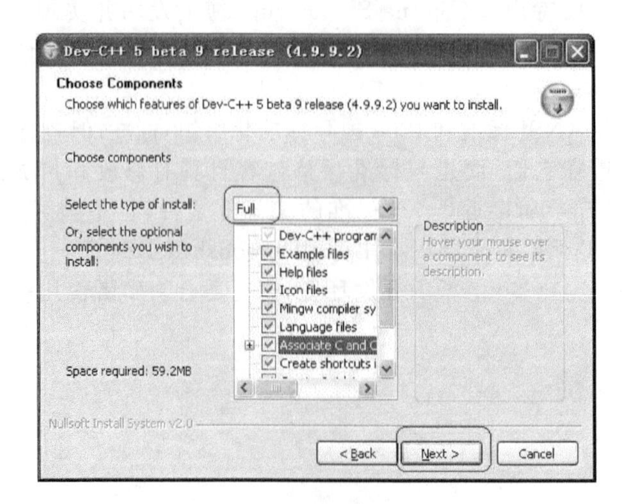

图 1-3　选择所有组件

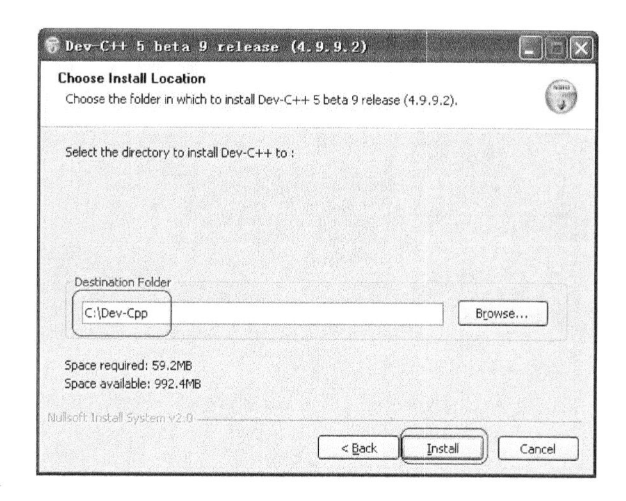

图 1-4　选择安装路径

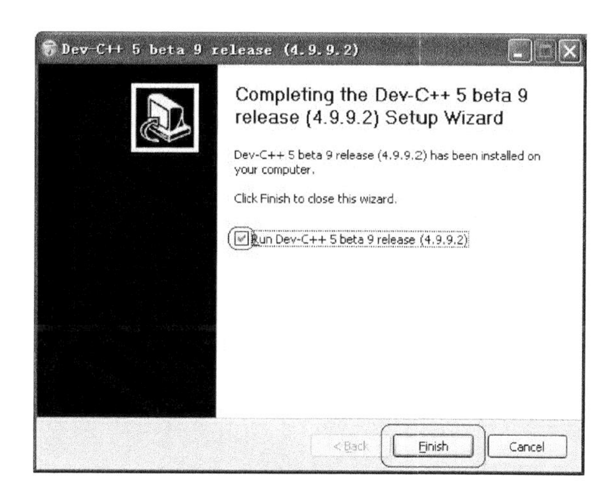

图 1-5　安装结束

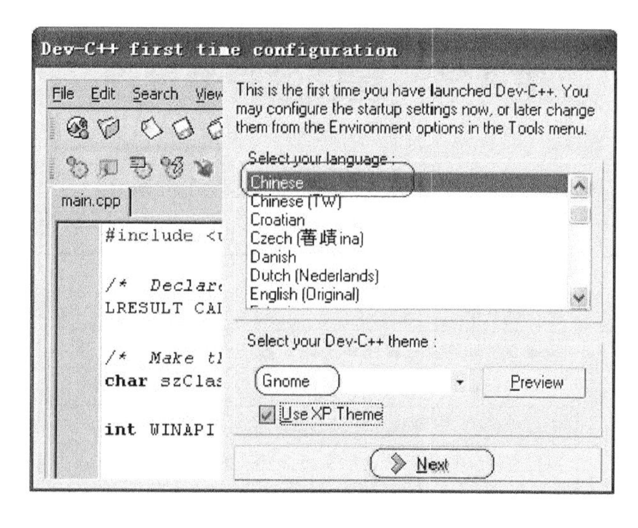

图 1-6　首次运行语言选择

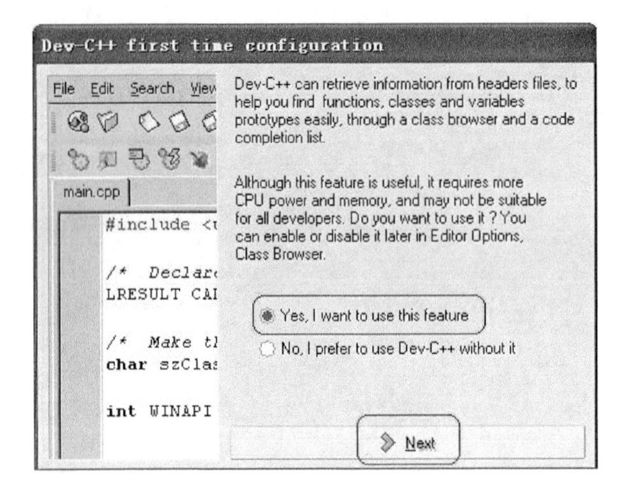

图 1-7　配置头文件查找

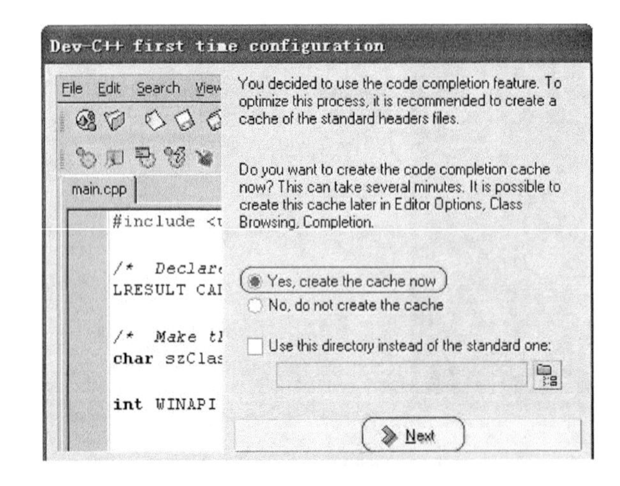

图 1-8　配置头文件缓存

第 3 节　程序的开发过程

C 程序从编写到输出运行结果要经过 6 个阶段，如表 1-1 所示。

表 1-1　C 程序的开发过程

序号	阶段名	说明	结果
1	编辑（edit）	输入源程序	生成.cpp 文件和.h 文件
2 *	预处理(preprocess)	编译器预处理程序产生新的源代码	生成新的源代码
3	编译(compile)	把 C 源代码翻译为机器语言目标代码	生成.obj 文件
4	连接(link)	把目标代码、库函数等连接起来产生可执行文件	生成.exe 文件或.dll 文件
5 *	装入(load)	执行程序时操作系统自动从磁盘读入内存	创建进程
6	执行(execute)	执行程序，产生结果	输出运行结果

以上是一般程序的开发过程。由于预处理和装入阶段是系统自动完成的，所以程序员实际所见的 C 程序开发过程只有编辑、编译、连接和执行 4 个步骤。而 Dev-C++更为方便，它的第 6 版将编译和连接合并，只需执行编译就可以直接生成可执行的程序文件。

程序的输入、编译、保存和运行过程分别如图 1-9～图 1-12 所示。

```
#include<stdio.h>
int main()
{
    printf("Hello World!");
    return 0;
    }
```

图 1-9　输入源程序

图 1-10　编译源代码

图 1-11　保存源文件

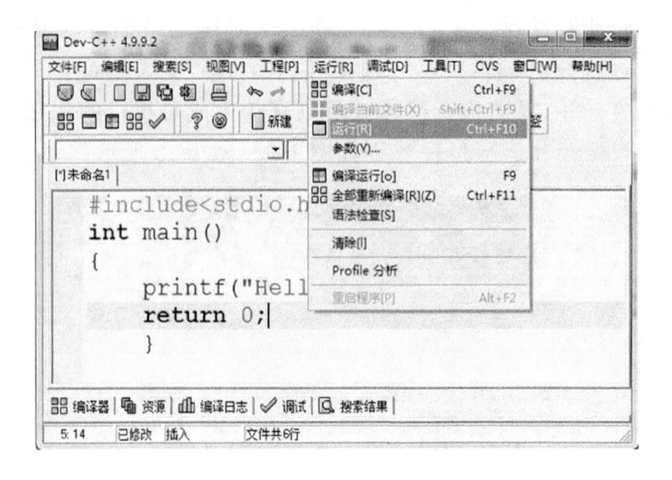

图 1-12　运行程序

第 4 节　程序设计风格

所谓程序设计风格，就是借助好的设计方法编写结构好的程序。程序设计风格反映了一个程序员的基本素养。从初学开始，程序员就应养成良好的编写程序的习惯。就 C 语言而言，程序设计的风格有很多种，并没有一个统一的标准；但每个程序员应该形成自己的编程风格。无论是什么风格，目标只有一个，就是使程序能够清晰、易懂，不造成自己和其他人阅读程序的困难。

【例 1-1】 程序风格示例。

```
#include<stdio.h>
int main()
{
    printf("Hello World!");
    return 0;
}
```

这一程序的作用是输出双引号中的“Hello World!”。该程序的第 4 和第 5 行使用了空格，这些空格可以理解为中文排版的缩进，目的是说明这两条语句的逻辑层次较其他行低；而在第 3 和第 6 行是左对齐，这对对齐的花括号用来描述一个程序的逻辑段落的范围。

注意： *在程序中尖括号<>、圆括号()及花括号{}都是成对出现的。每条语句(在花括号中间的部分)都由分号结尾。*

第 5 节　应 用 实 践

本节的目标是使学习者可以最大限度地将自己所学的知识应用到工程中。

Arduino是目前最为流行的开源硬件。Arduino是一个开放的硬件平台，包括一个简单、易用的I/O(输入、输出)电路板，以及一个基于processing的软件开发环境。Arduino既可以被用来开发能够独立运行并具备一定互动性的电子作品，也可以被用来开发与计算机相连接的外围装置，这些装置甚至还能够与运行在计算机上的软件（如Flash，Max/MSP，Director，Processing等）进行沟通。通过开放设计的硬件平台和集成开发环境，使用者可以在具备C语言知识的基础上对硬件设备进行开发。Arduino能通过各种各样的传感器来感知环境，并能够控制灯光、马达和读取其他传感器的信号来获得反馈。板子上的微控制器可以通过Arduino的编程语言（类似于C语言）来编写程序，编译成二进制文件，烧录进微控制器。对Arduino的编程是利用Arduino编程语言和Arduino开发环境来实现的。

Arduino的硬件设备非常容易获得，主板在淘宝网上的价格不到20元人民币，其相关配件也不到100元人民币。考虑到语言差异（Arduino网站是英文的），学习者可以通过必应（www. bing. cn)检索国内的网站获得相应的知识。

推荐Arduino就是为了学习者在具备基础知识的基础上能更好地参与工程实践，希望大家利用课余时间积极学习。

第 2 章　数据类型与基本运算

第 1 节　范 例 导 学

本节以范例为基础，使学习者在阅读代码的同时理解和掌握程序的语法规则并逐步学会应用。

【例 2-1】 输出字符串。

编写在屏幕上显示字符串"ccsu_student"的程序。

【程序例】

```
#include <stdio.h>
int main()
{
     printf("ccsu_student");          /* 显示 */
     return 0;
}
```

【结果】

```
ccsu_student
```

【说明】

① 第 1 行包含语句引用了系统提供的其他程序作为本程序的一部分，以便能在别人代码的基础上完成自己的程序功能。

② 第 2 行被称为 main 函数，它由一对圆括号和一对花括号组成，编程者在花括号里编写自己的代码。

③ 所有 C 程序都从 main 函数开始执行。

④ 第 3 行“printf("ccsu_student");”的双引号中的内容为所显示的字符串。

注意：不是中文双引号，而是英文双引号。

⑤ 字符串用双引号标出，再外加圆括号，最后加分号。

【例 2-2】 用 printf 语句显示 3 个字符串。

编写用 printf 语句将 3 个字符串"good student","hard study","the best"显示在同一行的程序。

【程序例】

```
#include <stdio.h>
int main()
{
    printf("good student");          /* 显示字符串,不换行 */
    printf("hard study");            /* 显示字符串,不换行 */
    printf("the best\n");            /* 显示字符串后换行 */
    return 0;
}
```

【结果】

```
good student hard study the best
```

【说明】

① 第 4～6 行的 printf 语句分别显示字符串"good student","hard study","the best"。前两个 printf 语句中无换行符"\n",不进行换行操作,第 3 个 printf 语句中含"\n",字符串显示后换行,这样 3 个字符串在同一行上显示。

② "\"后面加字母或符号称为转意字符,即改变原来 n 作为字母的用途,转换为其他的作用。这里的 n 是 next line 的意思。

【例 2-3】 换行显示。

编写将字符串"The first line"和"The second line"分两行显示的程序。

【程序例】

```
#include <stdio.h>
int main()
{
    printf("The first line\n");      /* 显示后换行 */
    printf("The second line\n");     /* 显示后换行 */
    return 0;
}
```

【结果】

```
The first line
The second line
```

【说明】

① 第 4 行中的符号"\n"表示换行。

② 若第 4 行中无"\n",那么两个字符串就在同一行显示。

例如,换行:

```
printf("A\n");
printf("B\n");
```

显示

```
A
```

```
B
```

不换行：

```
printf("A");
printf("B");
```

显示

```
AB
```

【例 2-4】 隔行换行显示。

编写在显示"The first line"字符串后隔行显示字符串"The second line"。

【程序例】

```
#include <stdio.h>
int main()
{
    printf("The first line\n");          /* 显示后换行 */
    printf("\n");
    printf("The second line\n");         /* 显示后换行 */
    return 0;
}
```

【结果】

```
The first line

The second line
```

【说明】

① 第 4 行中因有“\n”，所以在显示字符串"The first line"后就换行。

② 第 5 行的“printf("\n");”只进行换行操作。

③ 第 4 行和第 5 行，在这里可以合起来，写成“printf("The first line\n\n");”。

④ 第 6 行在隔行显示字符串"The second line"后换行。

【例 2-5】 注释的使用。

编写显示字符串"Best_coder"的程序，要求在主程序前加 Best_coder 字样的注释。

【程序例】

```
#include <stdio.h>
int main()
{
    printf("Best_coder\n");          /* 显示后换行 */
    return 0;                        /* 程序结束 */
}
```

【结果】

```
Best_coder
```

【说明】

注释语句是给程序员阅读程序的辅助文本，不被计算机解读。注释格式为“/ *（字符串） * /”，程序中凡用“/ *（字符串） * /”围起来的字符为注释，注释不进行编译；而“//”为 C++风格的注释，“//”之后的内容为注释。

【例 2-6】 整型变量的赋值、四则运算。

给变量 x 赋值 29，变量 y 赋值 7 后求其和、差、积、商的四则运算。

【程序例】

```
#include<stdio.h>
int main()
{
    int x , y , sum , sub , mul , div;
    x = 29;
    y = 7;
    sum = x + y;
    sub = x - y;
    mul = x * y;
    div = x / y;
    printf("%d+%d=%d\n",x,y,sum);
    printf("%d-%d=%d\n",x,y,sub);
    printf("%d*%d=%d\n",x,y,mul);
    printf("%d/%d=%d\n",x,y,div);
    return 0;
}
```

【结果】

```
29+7=36
29-7=22
29*7=203
29/7=4
```

【说明】

① 第 4 行进行变量类型说明。变量 x，y，sum，sub，mul，div 均被声明为整型变量。

② 程序中使用的变量必须事先进行类型说明。第 4 行的 int 为整型说明，整型变量的取整范围为－32 768～32 767。

③ 变量标识符以字符或下划线打头，有效长度为 32 位。

④ 第 5 和第 6 行分别将数值 29 赋予变量 x，将数值 7 赋予变量 y。“＝”称为赋值运算符，表示将右边的值赋给左边的变量。赋值是将右边的结果给左边，是从右往左的计算，不同于算式里的等号。

⑤ 第 7～10 行计算变量 x 与 y 的和、差、积、商，并赋值给左边的变量。

⑥ 和、差、积、商的运算符分别为＋、－、*、/，又称为双目运算符。

⑦ 商为整型数值。例如，“29/7”的商为 4，是因为整数运算不保留小数。这里是截断处理，不考虑四舍五入。

⑧ 第 11～14 行用于显示结果。整型数以%d 格式显示，显示为整数输出。

【例 2-7】 余数。

编写求 29/7 的商和余数的程序。

【程序例】

```
#include<stdio.h>
int main()
{
    int x , y , p , q;   /* 整型变量说明 */
    x = 29;
    y = 7;
    p = x / y;
    q = x % y;
    printf("%d/%d=%d...... %d\n",x,y,p,q);
    return 0;
}
```

【结果】

```
29/7=4......1
```

【说明】

第 8 行的"q=x%y"是求 x/y 的余数。"%"运算符叫作取模,就是取余数。当 x 为 29、y 为 7 时,29/7=4 的余数为 1,将 1 赋给变量 q。

【例 2-8】 直接数值计算。

编写不使用变量求 29×7 的程序。

【程序例】

```
#include<stdio.h>
int main()
{
    printf("%d * %d=%d\n",29,7,29 * 7);
    return 0;
}
```

【结果】

```
29 * 7= 203
```

【说明】

printf 语句中写入格式"%d * %d=%d"后,当送入数值 29,7,29 * 7 时,第一个%d 为 29,第二个%d 为 7,最后一个%d 为 29 * 7 的结果,即 203。

【例 2-9】 用圆括号改变计算顺序。

编写求$(x-y)\times(x+y)$值的程序(x 为 20,y 为 10)。

【程序例】

```
#include<stdio.h>
int main()
```

```
{
    int x , y , z;
    x = 20;
    y = 10;
    z = (x - y) * (x + y);
    printf("(%d-%d)*(%d+%d)=%d\n",x,y,x,y,z);
    return 0;
}
```

【结果】

```
(20-10)*(20+10)=300
```

【说明】

① 第 7 行的“z = (x - y) * (x + y);”是先求“$x-y$”和“$x+y$”,最后求积并赋予变量 z。

② 四则运算按从左到右的顺序进行,由运算符优先级决定运算顺序,用圆括号可以改变运算顺序。例如,在 $x+y/z$ 中,虽然“+”在“/”之前,但首先计算 y/z 后再与 x 相加。$x+y$ 后除 z 时需写为$(x+y)/z$。

③ $z=x+y\times x-y$ 表示 x 加上 $y\times x$ 的结果后再减去 y。

【例 2-10】 逗号运算符。

编写求 $a\times b\times c$ 的乘积。变量 a 为 9,b 为 4,c 为 6,程序中使用逗号运算符依次将值赋给变量 a,b,c。

【程序例】

```
#include<stdio.h>
int main()
{
    int a , b , c , sum;
    a = 9, b = 4 , c =6;        /*使用逗号运算符*/
    sum = a * b *c;
    printf("%d*%d*%d=%d\n",a,b,c,sum);
    return 0;
}
```

【结果】

```
9*4*6=216
```

【说明】

① 逗号运算符又叫顺序运算符,按从左向右的顺序执行。

② 第 5 行是将原为“a=9;b=4;c=6;”的语句使用逗号运算符写为“a=9,b=4,c=6;”,即用逗号运算符将数据赋予变量 a,b,c。这两种写法的效果相同,但用逗号运算符显得更简明。

【例 2-11】 重复赋值。

变量 a,b 均取 5,求这两个变量的加、减、乘、除。

【程序例】

```
#include<stdio.h>
```

```
int main()
{
    int a,b;
    a = b = 5;
    printf("%d+%d=%d\n",a,b,a+b);
    printf("%d-%d=%d\n",a,b,a-b);
    printf("%d*%d=%d\n",a,b,a*b);
    printf("%d/%d=%d\n",a,b,a/b);
    return 0;
}
```

【结果】

```
5+5=10
5-5=0
5*5=25
5/5=1
```

【说明】

第 5 行的“a=b=5;”先将数据 5 赋予变量 b，再将 b 的值赋予变量 a，结果变量 a,b 被赋予同一个数值 5。

【例 2-12】 变量初始化。

编写变量 a 取 10、b 取 5 并求其加、减、乘、除的程序。要求在进行变量类型说明的同时给变量赋值。

【程序例】

```
#include<stdio.h>
int main()
{
    int a = 10,b = 5;      /*在变量说明的同时给变量赋值*/
    printf("%d+%d=%d\n",a,b,a+b);
    printf("%d-%d=%d\n",a,b,a-b);
    printf("%d*%d=%d\n",a,b,a*b);
    printf("%d/%d=%d\n",a,b,a/b);
    return 0;
}
```

【结果】

```
10+5=15
10-5=5
10*5=50
10/5=2
```

【说明】

程序第 4 行在对变量 a,b 进行类型说明(将其定义为整型)的同时，将 10 赋予变量 a，5 赋予变量 b。

【例 2-13】 浮点型赋值。

编写将 111.3 赋给变量 a、22.4 赋给变量 b 并分别求其加、减、乘、除的程序。

【程序例】

```
#include<stdio.h>
int main()
{
    float a,b,sum,sub,mul,div;
    a = 111.3;
    b = 22.4;
    sum = a + b;
    sub = a - b;
    mul = a * b;
    div = a / b;
    printf("%f+%f=%f\n",a,b,sum);
    printf("%f-%f=%f\n",a,b,sub);
    printf("%f*%f=%f\n",a,b,mul);
    printf("%f/%f=%f\n",a,b,div);
    return 0;
}
```

【结果】

```
111.300003+22.400000=133.699997
111.300003-22.400000=88.900002
111.300003*22.400000=2493.120117
111.300003/22.400000=4.968750
```

【说明】

① 浮点型变量又称为实数型变量。浮点型变量的说明方式为“float a,b;”，表示变量 a,b 为浮点型变量。本程序第 4 行“float a,b,sum,sub,mul,div;”即为变量 a,b,…,div 的浮点型说明。

② 第 5 和第 6 行将浮点数(实数)赋给变量 a,b。

③ 第 11～14 行显示结果。浮点型变量的显示由“%f”格式进行指定，默认保留 6 位小数。

④ 浮点型用来表示实数的数据类型，通常分为两类：单精度浮点型(float)和双精度浮点型(double)。本例中变量 a 的值为 111.3，即为单精度浮点型。

⑤ 需要注意的是，浮点数不能精确表示小数，因此，存储的浮点数和计算结果都只是近似结果。

⑥ 不能对浮点数进行取模计算，系统会提示“invalid operands of types float and float to binary operator%”(浮点数和浮点数的取模操作是非法操作)。

【例 2-14】 浮点型计算。

将矩形的长 a 赋值为 11.23，宽 b 赋值为 4，求其面积和周长。

【程序例】

```
#include<stdio.h>
int main()
{
    float a,b,area,perimeter;
    a = 11.23;
    b = 4.0;
    area = a * b;
    perimeter = 2 * (a + b);
    printf("area=%f\n",area);
    printf("perimeter=%f\n",perimeter);
    return 0;
}
```

【结果】

```
area=44.919998
perimeter=30.459999
```

【说明】

本例为使用浮点数计算矩形的面积和周长。第 5 行将长 11.23 赋给变量 *a*;第 6 行将宽 4.0 赋给变量 *b*。

注意:这时候的 4 是浮点数,故写成 4.0。

【例 2-15】 将整数转换成浮点数。

取变量 *a* 为 2,*b* 为 11.345,求其浮点数乘积。

【程序例】

```
#include<stdio.h>
int main()
{
    int a;
    float b,c;
    a = 2,b = 11.345;
    c = (float)a * b;    /*变量 a 浮点数化*/
    printf("%f\n",c);
    return 0;
}
```

【结果】

```
22.690001
```

【说明】

不同数据类型之间不能进行计算,在计算之前,编译器或程序员必须将数据转换成统一的数据类型。本程序中使用"(float)a"将整数 2 变换成浮点数 2.0,以使计算在相同类型的数间进行。

【例 2-16】 将浮点数转换为整数。

编写变量 a 取 12.555，b 取 45.666，将 $a+b$ 的值转换为整数赋给 c，并对 a，b 取整数后求其和 d 的程序。

【程序例】

```
#include<stdio.h>
int main()
{
    int c,d;
    float a,b;
    a = 12.555 , b = 45.666;
    c = (int)(a + b);
    d = (int)a + (int)b;
    printf("%d\n",c);
    printf("%d\n",d);
    return 0;
}
```

【结果】

```
58
57
```

【说明】

① 程序中第 7 行“c=(int)(a+b);”表示先求 a 与 b 之和，然后进行整数化后赋给整型变量 c。这时，小数点以后位数舍去。

② 程序中第 8 行“d=(int)a+(int)b;”表示先将变量 a 与 b 整数化后再求和。

【例 2-17】 组合运算符+=、-=、*=、/=、%=。

变量 a 为 4、b 为 10、c 为 8 时，编写将 a 加 b 的值赋予 a，b 减 c 的值赋予 b，c 乘 a 值赋予 c，c/b 的商赋予 c，$a\%c$ 的余数赋予 a 的程序。

【程序例】

```
#include<stdio.h>
int main()
{
    int a = 4,b = 10,c = 8;          //类型说明，赋初值
    a += b;                          //a = a + b
    printf("a = %d\n",a);
    b -= c;                          //b = b - c
    printf("b = %d\n",b);
    c *= a;                          //c = c * a
    printf("c = %d\n",c);
    c /= b;                          //c = c / b
    printf("c = %d\n",c);
    a %= c;                          //a = a % c
```

```
    printf("a = %d\n",a);
    return 0;
}
```

【结果】

```
a = 14
b = -2
c = 112
c = 56
a = 14
```

【说明】

① 第 5 行"a+=b;"表示进行 $a+b$ 运算后将值赋予 a，相当于 $a=a+b$。

② 第 7 行"b-=c;"表示进行 $b-c$ 运算后将结果赋予 b，亦可写成 $b=b-c$。

③ 第 9 行"c*=a;"相当于 $c=c\times$a。

④ 第 11 行"c/=b;"相当于 $c=c/b$。

⑤ 第 13 行"a%=c;"表示进行 a/c 并将余数赋予 a。在第 9 行和第 11 行中，c 先被赋值成 112，然后又除以 b(此时 $b=2$)，因此本行运算为求 14/56 的余数，即 $a\%c$ 的结果为 14。

【例 2-18】 自增运算符。

编写 n 为 100 时顺序显示++n，n++的程序。

【程序例】

```
#include<stdio.h>
int main()
{
    int n = 100;
    printf("%d\n",++n);   //显示++n
    printf("%d\n",n++);   //显示 n++
    printf("%d\n",n);     //显示 n
    return 0;
}
```

【结果】

```
101
101
102
```

【说明】

++表示值增 1。++a，a++均为 n 值增 1，但++n 为加 1 之后进行处理，n++表示处理后增 1。

"printf("%d\n",++n);"中，显示 100+1=11。

"printf("%d\n",n++);"中，先显示 101，然后 n 加 1 为 102。

注意：加法运算执行了，只是在输出之后，所以，下一行的输出就能看出来。

“printf("%d\n",n);”中,n 为 102。

【例 2-19】 自减运算符。

n 为 100,编写求－－n,n－－的程序。

【程序例】

```
#include<stdio.h>
int main()
{
    int n = 100;
    printf("%d\n",--n);    //显示--n
    printf("%d\n",n--);    //显示 n--
    printf("%d\n",n);      //显示 n
    return 0;
}
```

【结果】

```
99
99
98
```

【说明】

自减运算符表示值减 1。－－n,n－－均为 n 减 1,但－－n 为先减 1 再进行处理,n－－为先处理再减 1。本程序结果依次如下。

“printf("%d\n",－－n);”中,显示 100－1=99。

“printf("%d\n",n－－);”中,显示 99 后减 1。

“printf("%d\n",n);”中,显示 n 值为 98。

【例 2-20】 三目运算符。

编写 x 为 20,y 为 5,若 $x>y$ 成立将 x 赋予 n,否则将 y 赋予 n;同时,若 $x<y$ 成立将 $x+y$ 赋予 m,否则将 $x\times y$ 赋予 m 的程序。

【程序例】

```
#include<stdio.h>
int main()
{
    int x = 20 , y = 5;
    int n,m;
    n=((x > y)? x:y);                  //条件 x>y 成立将 x 赋予 n,不成立时将 y 赋予 n
    m= ((x < y)? (x+y):(x * y)); //条件 x<y 成立将 x+y 赋予 m,不成立时将 x * y 赋予 m
    printf("%d\n",n);
    printf("%d\n",m);
    return 0;
}
```

【结果】

```
20
100
```

【说明】

三目运算符含“条件 ? :”三项运算。例如，在“x>y? x:y;”中，表示若 x 大于 y，则取 x 的值作为运算的值；x 等于 y 或小于 y，则取 y 的值作为运算的值。再如，“n=((x>y)? x:y);”表示若条件成立，将 x 赋予 n，若条件不成立，将 y 赋予 n。

【例 2-21】 移位运算符：<< 和>>。

编写求将数 11 右移 1 位，数 8 左移 1 位的值的程序。

【程序例】

```
#include<stdio.h>
int main()
{
    int n = 11 , m = 8;
    int a,b;
    a = n >> 1;                //将 n 右移一位的值赋给 a
    b = m << 1;                //将 m 左移一位的值赋给 b
    printf("%d\n",a);
    printf("%d\n",b);
    return 0;
}
```

【结果】

```
5
16
```

【说明】

用<< 和>>分别表示对操作数进行左移或右移的字位运算。操作数 a 右移运算格式为“a>>数值”，其中，数值表示将操作数右移的位数。例如，“11>>1”表示将 11 的二进制表示右移 1 位。右移 n 位后，数值为原值的 $1/2^n$。同理，“8<<1”表示将操作数 8 的二进制表示左移 1 位。左移 n 位时，数值变为原值的 2^n 倍。

【例 2-22】 按位运算符。

求数 6 和 19 的 AND，OR，XOR 的值。

【程序例】

```
#include<stdio.h>
int main()
{
    int a = 6 , b = 19;
    int c,n,m;
    c = a & b;
```

```
        n = a | b;
        m = a ^ b;
        printf("%d&%d=%d\n",a,b,c);
        printf("%d|%d=%d\n",a,b,n);
        printf("%d^%d=%d\n",a,b,m);
        return 0;
    }
```

【结果】

```
6&19=2
6|19=23
6^19=21
```

【说明】

① AND 为按位与运算，符号为"&"，表示将两个操作数对应的二进制数从低位到高位对齐后进行与运算。

② "|"表示对二进制数进行按位或运算。

③ XOR 可用符号"^"表示，表示进行两个操作数的二进制按位异或运算。

【例 2-23】 &、|、^的组合用法。

变量 *a* 为 6，*b* 为 19，*c* 为 8，*d* 为 11，编写求(a&b)和(c^d)的程序。

【程序例】

```
#include<stdio.h>
int main()
{
    int a = 6 , b = 19 , c = 8 , d = 11;
    int m;
    m = (a & b) | (c ^ d);
    printf("(%d&%d)|(%d^%d)=%d\n",a,b,c,d,m);
    return 0;
}
```

【结果】

```
(6&19)|(8^11)=3
```

【说明】

由前例，6&19 的结果为 2，8^11 的结果为 3，这样 2|3 的结果为 3。

【例 2-24】 按位取反。

编写求数值 8 的按位取反的程序。

【程序例】

```
#include<stdio.h>
int main()
{
```

```
        int n = 8;
        int m;
        m = ~n;
        printf("%d\n",m);
        return 0;
    }
```

【结果】

```
    -9
```

【说明】

按位取反用“~”符号表示，数值 8 的按位取反为－9。

【例 2-25】 && 和||。

将 5 赋予 n，14 赋予 m，3 赋予 z，编写求 n&&m，n||m 和 n&&z 并显示的程序。

【程序例】

```
#include<stdio.h>
int main()
{
    int n = 5 , m = 14 , z = 3;
    int a,b,c;
    a = n && m;
    b = n || m;
    c = n && z;
    printf("%d&&%d=%d\n",n,m,a);
    printf("%d||%d=%d\n",n,m,b);
    printf("%d&&%d=%d\n",n,z,c);
    return 0;
}
```

【结果】

```
5&&14=1
5||14=1
5&&3=1
```

【说明】

① && 和||表示两个数的与、或运算。

② && 为逻辑与运算符，表示两个操作数的值作为逻辑值进行与运算，如 5&&14 时为 1。

③ ||为逻辑或运算符，表示两个操作数的值作为逻辑值进行或运算，如 5||14 时为 1。操作数为非 0 时为“真”(1)，操作数为 0 时取“假”(0)。

【例 2-26】 NOT(!)逻辑非。

给变量 a 赋值 1，b 赋值 0，分别求其逻辑非的值。

【程序例】

```
#include <stdio.h>
int main()
{
    int a=1,b=0;
    int c,d;
    c=!a;
    d=!b;
    printf("!%d=%d\n",a,c);
    printf("!%d=%d\n",b,d);
    return 0;
}
```

【结果】

```
!1=0
!0=1
```

【说明】

① NOT 对数取逻辑非运算,用“!”表示。

② a 为真值时,!a=0。

③ b 为假值时,!b=1。

第 2 节　知 识 详 解

2.1　基本数据类型

C 语言中将数据划分为四大类:基本数据类型、构造数据类型、指针类型、空类型。基本数据类型又可以分为整型、字符型、浮点型;构造数据类型又可分为数组、结构体、联合体和枚举。本小节主要讲解基本数据类型的用法,构造数据类型和指针类型在后面的章节会陆续讲述。

C 语言的基本数据类型如表 2-1 所示。

表 2-1　C 语言的基本数据类型

数据类型	位　数	数值范围
int	32	$-2^{31} \sim 2^{31}-1$
short int 或 short	16	$-2^{15} \sim 2^{15}-1$
long int 或 long	32	$-2^{31} \sim 2^{31}-1$
unsigned int	32	$0 \sim 2^{32}-1$

续表

数据类型	位　数	数值范围
unsigned short	16	$0 \sim 2^{16}-1$
unsigned long	32	$0 \sim 2^{32}-1$
float	32	$-3.4\times10^{-38} \sim 3.4\times10^{38}$
double	64	$-1.7\times10^{-308} \sim 1.7\times10^{308}$
long double	64	$-1.7\times10^{-308} \sim 1.7\times10^{308}$

注：在标准中，long double 的确切精度并未规定，但规定 long double 的精度不小于 double，所以，不同平台有不同的实现，可通过 sizeof(long double)得知。

表中的位数是指在二进制下占用的位数。例如，一个 8 位的二进制数描述的范围为 00000000～11111111 之间，也就是十进制的 0～255(2^8)。

2.1.1　整型

1. 整型常量

C 语言中的整型常量可以用下面 3 种形式表示。

- 十进制数：使用 0～9 十个数字表示，逢十进一，如 15，－15。
- 八进制数：使用 0～7 八个数字表示，逢八进一，以 0 开头。例如，015 表示十进制数 13（1×8＋5＝13），－015 表示十进制数－13。很明显，前缀 0 就是为了和十进制数作区分。
- 十六进制数：十六进制数使用 0～9 十个数字和 a～f 或者 A～F 表示，逢十六进一，以 0x 开头。例如，0x15 表示十进制数 21（1×16＋5＝21），－0x15 表示十进制数－21。

编译器根据前缀来区分不同进制的数据，因此在使用整型常量时要注意前缀的使用与否。

2. 整型变量

在 C 语言中，变量定义的一般形式为

数据类型名 变量名，变量名，…，变量名；

C 语言中的整型变量有 int，short（也可以写为 short int），long（也可以写为 long int）3 种。在此基础上还可以通过 signed（有符号整型）、unsigned（无符号整型）修饰它们的符号属性。

例如：

```
int number;              //指定 number 为有符号整型
unsigned long number;    //指定 number 为无符号长整型
short number;            //指定 number 为有符号短整型
```

注意：

① C 语言中的变量必须先定义后使用，定义就是规定变量的数据类型。

② 可用逗号分隔在一条语句中定义多个变量。例如，“int a,b,c;”同时声明 *a*,*b*,*c*3 个变量。

③ 在同一个作用域范围内，变量的数据类型不允许被修改，但变量的值允许被修改。

【例 2-27】 变量重定义示例。

```
#include <stdio.h>
```

```
int main( )
{
   int m= 5;
   float m= 3.1;
}
```

编译器会提示“conflicting declaration float m”，意思是“浮点数 m 的定义和前面的定义相冲突了”。

【例 2-28】 整型变量定义及使用示例。

```
#include<stdio.h>
int main()
{
     int a , b , sum;
     a = 017;                       //给变量 a 赋值,所赋值为八进制数 017(十进制数 15)
     b = -6;
     sum = a + b;
     printf("a+b=%d\n",sum);  //输出变量 a+b 的值
     return 0;
}
```

运行结果为

```
a+b=9
```

2.1.2　浮点型

1. 浮点型常量

我们称整数为定点数(因为小数点总在最后)，称小数点不在最后的数为浮点数。浮点数有小数和指数两种形式。

(1) 小数形式

由数字 0～9 和小数点组成。例如，3.141 592 6，2.782 8，0.618 等均为合法的浮点型常量。

(2) 指数形式

由十进制数加阶码标志“e”或“E”及阶码组成。阶码只能为整数，可以带符号。下面都是合法的指数形式的浮点型常量。

```
1.25e5              //表示 1.25×10^5
3.75E-5             //表示 3.75×10^-5
0.2E6               //表示 0.2×10^6
.37E-5              //表示 0.37×10^-5
```

如表 2-2 所示是不合法的指数形式的浮点型常量。

表 2-2　不合法的指数形式的浮点型常量

数据表示	错误原因
1.25e2.5	阶码不能为小数
E−5	阶码标志 E 前无数字
0.2E	阶码标志 E 后无阶码
.37−E5	负号位置不对

C 编译器一般将浮点型常量作为双精度来处理，但若在浮点型常量后面加“f”或“F”，编译器就会将该数作为单精度来处理。例如，123.45 是双精度浮点型常量，而 123.45f 或 123.45F 是单精度浮点型常量。

2. 浮点型变量

C 语言中的浮点数有单精度浮点数、双精度浮点数和长双精度浮点数 3 种，关键字分别为 float，double 和 long double。双精度浮点数表示的数据范围和精度都高于单精度浮点数，写程序时应根据实际需求选择适当的数据类型。需要说明的是，浮点数都是有符号浮点数，没有无符号浮点数。例如：

```
float score,average;         //指定 score, average 为单精度浮点型变量
double score,average;        //指定 score, average 为双精度浮点型变量
long double score,average;   //指定 score, average 为长双精度浮点型变量
```

【例 2-29】 浮点型变量的定义及使用示例。

```
#include<stdio.h>
int main()
{
    float number_1, number_2 ,sum;        //定义单精度浮点型变量 number_1,number_2,sum
    number_1 = 11.6;
    number_2 = 21.15;
    sum = number_1 + number_2;            //计算 number_1 与 number_2 的和
    printf("sum=%f\n",sum);               //输出变量 sum 的值
    return 0;
}
```

运行结果为

```
sum=32.750000
```

一般浮点数输出时会自动保留 6 位小数。

2.1.3　字符型

1. 字符型常量

在 C 语言中，字符型用来描述单个字母、数字或者符号。字符型常量是用单引号括起来的一个字符，单引号中不能包含多个或者零个字符；但是空格是合法的字符。例如，'A'，'a'，'%'，' '(中间有空格)都是合法的字符型常量。

2. 转义字符

转义字符用来描述在特定语法环境下不能使用的字符,如在单引号中包含单引号。转义字符以字符"\"开头,其后包含若干个字符。转义字符不同于字符原有的意义,它具有特定的含义,故称"转义"。在本书前面部分多次遇到的"\n"就是一个转义字符,其意思不再表示字符'n',而是代表一种特殊的含义,即回车换行。表 2-3 列出了 C 语言中常用的转义字符。

表 2-3　常用的转义字符

转义字符	含　义
\n	换行符(next line)
\t	水平制表符(tab)
\b	退格符(backspace)
\r	回车符(return)
\f	换页(flip)
\\	代表反斜杠字符
\'	代表单引号字符
\"	代表双引号字符
\a	鸣铃(alarm)

【例 2-30】 转义字符的使用示例。

```
#include<stdio.h>
int main()
{
    char a = 'H', b = 'E', c = 'L', d = 'O';
    printf("\"%c\t%c\t%c\t%c\t%c\"\n",a,b,c,c,d);
    return 0;
}
```

运行结果为

```
"H	E	L	L	O"
```

【说明】

\"(双引号)、%c(变量 a,即'H')、\t(跳格)、%c(变量 b,即'E')、\t(跳格)、%c(变量 c,即'L')、\t(跳格)、%c(变量 c,即'L')、\t(跳格)、%c(变量 d,即'O')、\"(双引号)、\n(换行)。

3. 字符型变量

C 语言中定义字符型变量的关键字是 char。

【例 2-31】 字符型变量的定义及使用示例。

```
#include<stdio.h>
int main()
{
    char a1 = 'H';
    char a2 = 'E';
    char a3 = 'L';
```

```
        char a4 = 'L';
        char a5 = 'O';
        printf("%c%c%c%c%c\n",a1,a2,a3,a4,a5);    //这里表示连续输出 a1,a2,a3,a4,a5 的值
        return 0;
    }
```

结果很明显,运行结果为“HELLO”。此处,a1,a2,a3,a4,a5 是变量名,就如同宾馆的房号,而字符'H','E','L','O'是这些变量的值,也就是住的客人。一般而言,两者没有必然联系。为了方便处理,计算机会将常用字符编上号,这个编号称为 ASCII 码(美国信息交换标准代码,详见附录)。例如,大写字母 X 对应的 ASCII 码为 88,推理可知,A 的 ASCII 码为 65。其他的数字和字符也都有着相应的编码。特别注意的是,小写字母的 ASCII 码正好比和它对应的大写字母的 ASCII 码大 32。例如,小写字母 a 的 ASCII 码是 97,而 0～9 十个数字的 ASCII 码是 48～57。在程序中,也可以使用这些编码来描述字符。

```
    char ch=65;
```

该语句等价于

```
    char ch=A;
```

“printf("%c",ch);”就能输出字符'A',但是,如果写成“printf("%d",ch);”,输出结果就是 80,因为%d 输出类型为十进制整型。

2.2 C 语言的运算符

运算符是表示某种运算功能的符号。由运算符可以构成各类表达式,表达式在执行完后会得到一个确定的结果。C 语言的运算符如表 2-4 所示。

表 2-4 C 语言的运算符

运算符类别	运算符	说　明
算术运算符	+、-、*、/、%、++、--	进行算术运算
关系运算符	>、<、>=、<=、==、!=	进行关系比较
逻辑运算符	!、&&、||	进行逻辑运算
位运算符	<<、>>、~、&、|、^	对二进制数据进行按位运算
赋值运算符	=、+=、-=、*=、/=、%=、<<=、>>=、&=、^=、|=	结合运算与赋值,将表达式的值计算后赋给变量
条件运算符	?:	三目运算符,进行条件运算
逗号运算符	,	顺序计算多个表达式的值
指针运算符	*	指针间接访问
取地址运算符	&	取变量的地址,用于指针运算
求字节数运算符	sizeof	计算某个数据对象在内存中所占的字节数
强制类型转换运算符	(数据类型名)表达式 数据类型名(表达式)	强制转换表达式的数据类型为类型名指定的数据类型
分量运算符	.、->	访问结构体或类的成员
下标运算符	[ ]	访问数组元素,括号用于存放元素编号
括号	()	提高算术运算里表达式的优先级

2.3　C语言的表达式

表达式是C语言中最小的逻辑单位，用于描述最简单的计算逻辑。表达式通常由运算符、括号、操作数构成，如“1＋2－3＊4.0/5％6”和“x＋y＜z”等都是C语言表达式。根据组成表达式的运算符的不同，表达式可以分为算术表达式、关系表达式、逻辑表达式、位运算表达式、逗号表达式和赋值表达式等。在表达式中，两个很重要的概念是运算符的优先级和结合性。优先级是指哪部分先算。例如，有表达式“c－(a＋b)”，则应先执行“＋”运算，即执行“a＋b”运算，然后再执行减法运算。结合性说的是从右往左算还是从左往右算。这里要特别注意赋值运算。赋值运算不同于数学里的等号运算，它的计算顺序是从右往左，也就是将等式右边的值赋值给左边的变量。

注意：

① C语言规定了运算符的优先级，在进行表达式求值时按运算符优先级从高到低的顺序依次求值。

② C语言规定了运算符的结合性，在进行表达式求值时按结合性求值，运算符的结合性有“左结合”及“右结合”两种类型。

2.4　C语言的各类运算符和表达式

C语言的运算符十分丰富，通过各类运算符可以构造各种不同类型的表达式，本节将对运算符的运算规则进行详细的描述。

2.4.1　算术运算符和算术表达式

1. 基本算术运算符

“＋”运算符作为正值运算符时为单目运算符，其运算结果就是操作数本身，如“＋2”的运算结果是2。“＋”运算符作为加法运算符时为双目运算符，如“2＋3”的运算结果是5。“－”运算符作为单目运算符时是负值运算符，作为双目运算符时是减法运算符。

“＊”和“/”运算符作为算术运算符时的作用分别是乘法运算符和除法运算符，运算结果分别为两个操作数的乘积和商。例如，“2＊3”的运算结果是6。

值得注意的是，对于整数而言，除法的结果为整数，对于余数采用“舍去”的做法。也就是说，“5/3”的结果是1，而余数2直接被舍掉，不考虑四舍五入。

为了弥补不能计算余数的不足，C语言设计了一个特别的运算符“％”，称为取模运算符。“％”运算直接求出整数除法的余数，如“5％3”的结果是2。

2. 自增＋＋、自减－－运算符

自增、自减运算符的作用是使变量的值增1或减1。根据操作数位置的不同，自增、自减分为前自增、后自增、前自减、后自减4种运算方式。

- ＋＋i，－－i：称为前自增、前自减，运算规则是先使 i 的值加1或减1，再使用 i。
- i＋＋，i－－：称为后自增、后自减，运算规则是在使用 i 之后，使 i 的值加1或减1。

自增和自减运算符只能用于变量，而不能用于常量和表达式，如“7++”或“(x+y)--”都是不合法的。

自增、自减运算符的结合方向是自右向左，这与前面说的算术运算符（自左向右）是不一样的。

在自增、自减运算符和别的运算符结合使用时，应尽量使用括号，避免出现歧义。例如，对于“i+++j”，虽然不会有语法错误但容易造成歧义，所以应该尽量根据编程的原意写成“(i++)+j”或是“i+(++j)”。

例如，假设 $i=1$，那么“j=i++;”等价于“j=i;i++;”，所以 i 的值为 2，j 的值为 1；那么“j=++i;”等价于“++i;j=i;”，所以 i 的值为 2，j 的值为 2。

3. 算术运算符的优先级、结合性及算术表达式

用算术运算符和括号将操作数连接起来的式子称为算术表达式。其中的操作数可以是常量、变量、函数调用等。例如，“x * y -z+fabs(-5)+y%z”是一个合法的算术表达式。

常见的运算符的优先级为：()高于++、--、-（负号运算符）高于 *、/、%高于+、-。

运算符大部分是“左结合”，除了++、--、-（负号运算符）外。

当有多个运算符在一起时容易产生歧义，如“x+++y”可以理解为“(x++)+y”，也可以理解为“x+(++y)”，这时应尽量使用括号，避免程序阅读者不必要的误解。

注意：源程序是给程序员读的，不是给计算机读的。过于烦琐的表达式只能造成程序员之间的沟通障碍。

2.4.2 关系运算符和关系表达式

关系运算符用于实现对数据进行关系比较，即将两个数据进行比较以判定两个数据是否属于某一特定的关系。比较的结果为“真”(true)或“假”(false)。用关系运算符连接起来的表达式称为关系表达式。通常，以 1 或者非 0 代表 true，以 0 代表 false。

例如，“a > b”中的“>”表示一个大于关系运算。如果 a 为 20，b 为 18，则结果为“真”，即条件成立；如果 a 为 5，b 为 6，则为“假”，即条件不成立。

- 关系运算符的优先级：<、<=、>=、>高于==、!=。
- 关系运算符的结合性：自左至右。

例如，求如下关系表达式的值。

① “3<4>2”的计算过程：“3<4”的结果为 1，“1>2”的结果为 0 ，因此表达式的最终结果为 0。

② 设 $x=-2$，“-3<x<-1”的计算过程：“-3<-2”的结果为 1，“1<-1”的结果为 0，因此结果为 0。

③ 设 $x=1$，“2<x<4”的计算过程：“2<1”的结果为 0，“0<4”的结果为 1，因此结果为 1。

总结：从上述 3 例的计算结果可以看出，在 C 语言中不能用数学里常用的关系运算符连用表示数学上的区间关系。

④ “3+(4<3) * 4”的计算过程：“4<3”的结果为 0，“0 * 4”的结果为 0，“3+0”的结果为 3，因此结果为 3。

⑤ “3+4<3 * 4”的计算过程：“3 * 4”的结果为 12，“3+4”结果为 7，“7<12”结果为 1，因此结果为 1。

2.4.3　逻辑运算符和逻辑表达式

逻辑运算符有 3 种：&&(逻辑与)、||(逻辑或)、!(逻辑非)。用逻辑运算符连接起来的表达式称为逻辑表达式。

- 逻辑运算符的优先级：! 高于 && 高于|| 。
- 逻辑运算符的结合性：! 是右结合，&& 和||为左结合。

【例 2-32】 逻辑表达式的运算示例。

```
#include<stdio.h>
int main()
{
    int a,b;
    a = 5;
    b = 12;
    if(a > 3 && b < 10)
        printf("b = %d\n",b ++);
    else
        printf("b = %d\n",b);
    return 0;
}
```

该程序的运行结果如图 2-1 所示。

```
b = 12

Process returned 0 (0x0)   execution time : 0.023 s
Press any key to continue.
```

图 2-1　例 2-32 的运行结果

在上例中，在执行“a>3&&b<10”条件判断时，由于 $a=5$，“a>3”的结果为“真”，但是 $b=12$，所以“b<10”为“假”，那由此就可以判断出整个逻辑表达式“a>3 &&b<10”的结果为“假”，则“b++”就不会被执行，因此程序的运行结果就是 b 等于 12 而不是等于 13。

2.4.4　位运算符和位运算表达式

位运算是 C 语言的低级语言的特征之一，通过位运算可以方便地对数据的每一个位进行精确控制。

1. 按位与(&)

按位与是将两个操作数按二进制表示进行与运算。如果两个操作数的对应位都为 1，则结果的对应位也为 1，否则为 0。例如，“10&6”的结果为 2，具体计算过程如下。

10 的二进制表示：　　　　　00001010
6 的二进制表示：　　　　　　00000110
“10&6”结果的二进制表示：　00000010

2. 按位或(|)

按位或是将两个操作数按二进制表示进行或运算。如果两个操作数的对应位都为0,则结果的对应位也为0,否则为1。例如,“10 | 6”的结果为14,具体计算过程如下。

10的二进制表示：　　　　00001010

6的二进制表示：　　　　00000110

“10|6”结果的二进制表示：　　00001110

3. 按位异或(^)

按位异或是将两个操作数按二进制表示进行异或运算。如果两个操作数的对应位不相同,则结果的对应位为1,否则为0。例如,“10 ^ 6”的结果为12,具体计算过程如下。

10的二进制表示：　　　　00001010

6的二进制表示：　　　　00000110

“10^6”结果的二进制表示：　　00001100

4. 按位取反(～)

按位取反是将操作数按二进制表示进行取反运算。如果操作数的对应位为0,则结果的对应位为1,否则为0。例如,“～10”的结果为245,具体计算过程如下。

10的二进制表示：　　　　00001010

～10结果的二进制表示：　　11110101

5. 向左移位(＜＜)

向左移位是将左操作数的二进制表示向左移位,移动的位数为右操作数的值,右端移出的空位填充0,移位后的左操作数的值即为运算的结果。例如,“10＜＜ 5”的具体计算过程如下。

10的二进制表示：　　　　00001010

10＜＜ 5的结果：　　　　01000000

6. 向右移位(＞＞)

向右移位是将左操作数的二进制表示向右移位,移动的位数为右操作数的值,移位后的左操作数的值即为运算的结果。在右移时,由于操作数符号位的不同,会导致运算结果略有不同。例如,“65535u＞＞1”的具体计算过程如下。

65535u的二进制表示：　　　　1111111111111111

65535u＞＞1的结果：　　　　0111111111111111

在此例中,65535u是无符号数,所以尽管它的最高位为1,但操作数右移后,高位填充0。

再如,“10＞＞1”的具体计算过程如下。

10的二进制表示：　　　　0000000000001010

10＞＞1的结果：　　　　0000000000000101

在此例中,10是有符号数,但它的最高位为0(表示正数),所以操作数右移后,高位填充0。

再如,“－2＞＞1”的具体计算过程如下。

－2的二进制补码表示：　　　　1111111111111110

－2＞＞1的结果：　　　　0111111111111111 (填充0)

－2＞＞1的结果：　　　　1111111111111111 (填充1)

在此例中,－2是有符号数,并且最高位为1(表示负数),所以操作数右移后,高位可能填

充 0 也可能填充 1,取决于程序运行的计算机系统。

- 位运算符的优先级：～高于＜＜、＞＞高于 & 高于^高于|。
- 位运算符的结合性:除了～是“右结合”之外,其他位运算符都是“左结合”。

2.4.5　赋值运算符和赋值表达式

1. 赋值运算符

“＝”是赋值运算符,其作用是将一个表达式或者值赋给一个变量。例如,“x＝3＋5”的作用是把常量 8 赋给变量 x。

赋值运算符的优先级很低,低于所有的算术运算符。

赋值运算符是右结合性运算符,即从右向左求值。

2. 复合的赋值运算符

在赋值运算符“＝”之前加上其他运算符,可以构成复合的赋值运算符。C 语言中凡是二目运算符,都可以与赋值运算符一起组合成复合的赋值运算符,如＋＝、－＝、*＝、/＝、%＝、＜＜＝、＞＞＝、&＝、^＝、|＝。通过下面的例子说明复合的赋值运算符的运算规则。

```
x/=5          //等价于“x=x/5”
x*=y+z        //等价于“x=x*(y+z)”,注意不要错误理解为“x=x*y+z”
```

3. 赋值表达式

由赋值运算符将变量和表达式连接起来的式子称为赋值表达式,其一般形式为“＜变量＞＜赋值运算符＞＜表达式＞”。例如,“x＝3＋abs(－2)”是一个赋值表达式。

【例 2-33】　当 $x=5$,$y=20$ 时,计算下面各表达式的值。

① x＝(y＝10)/2,y 值为 10,x 值为 5,表达式的值为 5。

② x＝y＝10/2,y 值为 5,x 值为 5,表达式的值为 5。

③ x＝(y＝10/2) ,y 值为 5,x 值为 5,表达式的值为 5。

④ (x＝y)＝10/5,y 值为 20,x 值为 2。因为 x 首先取得 y 的值为 20,后又被 10/5 的值取代;而 y 的值一直没变。

2.4.6　条件运算符和条件表达式

条件运算符是 C 语言中唯一的三目运算符,由条件运算符构成的表达式称为条件表达式,其一般形式为“＜表达式 1＞ ? ＜表达式 2＞:＜表达式 3＞”。

条件运算符的含义是:先计算“表达式 1”的值,如果为 true, 则“表达式 2”的值为整个条件表达式的值;如果“表达式 1”的值为 false,则“表达式 3”的值为整个条件表达式的值。

例如,“y ＝ x＞0 ? x: －x”的结果就是将变量 x 的绝对值赋给变量 y。该语句等价于下面的代码段。

```
if(x>0) y=x;
else y=-x;
```

2.4.7　逗号运算符和逗号表达式

逗号运算符本身不改变变量的值,主要起区分和改变运算顺序的作用。由逗号运算符构

成的表达式称为逗号表达式,其一般形式为

表达式 1,表达式 2,…,表达式 n

求值规则:从左至右依次计算各表达式的值,整个逗号表达式的值是最后一个表达式(表达式 n)的值。

在所有运算符中,逗号运算符的优先级最低,它的结合性是“左结合”。

大多数情况下,使用逗号表达式的目的是为了顺序计算多个表达式的值,而并非一定要获得逗号运算的结果。逗号表达式常用于循环语句中。

【例 2-34】 计算下面各表达式的值。

	a	b	y	表达式
y=a=2,b=3,a+b;	2	3	2	5
y=(a=2,b=3,a+b);	2	3	5	5
y=(a=2,b=3),a+b;	2	3	5	5
y=a=(2,b=3),a+b;	3	3	3	6

下面以上述 4 个逗号表达式中“y=(a=2,b=3,a+b);”的计算过程为例,说明逗号表达式的计算过程、计算结果和主要用途。首先执行“a=2”,然后计算“b=3”,接着计算“a+b”(结果是 5),因此赋值运算符右边的逗号表达式的结果等于 5,将 5 赋给赋值运算符左边的变量 y(y 的值等于 5)。通过此例可以看出,在 C 语言中,使用逗号表达式的主要目的是为了顺序计算多个表达式的值,最终为我们所用。

2.4.8 指针运算符

1. “&”运算符

“&”运算符也称为取地址运算符,它是个一元运算符,用于返回操作数的地址。

例如,假定有下列语句。

```
int i =5;
int *P;                //定义指针变量
```

那么赋值语句:

```
P=&i;
```

是把变量 i 的地址赋给指针变量 P,即让指针变量 P 指向变量 i。

2. “*”运算符

“*”运算符通常称为间接引用运算符,它返回其操作数即指针变量所指向的对象的值。具体使用见指针相关章节。

2.4.9 求字节数运算符

求字节数运算符 sizeof 的作用是求某个数据对象分配在内存中所占的字节数,结果为整型。这里所说的数据对象,可以是某种数据类型的变量名,也可以是某种数据类型名。如果是变量名,需要说明的是变量的数据类型(可以是基本数据类型,也可以是构造数据类型)。

sizeof 形式有两种:

sizeof(变量名)

或

sizeof（类型名）

例如，当“int a=5;”时，“sizeof(a)”就是求变量 *a* 所占用的内存空间；而“sizeof(int)”则是求 int 所占的内存空间。很明显在本例中，这两个值是相等的。

又如：

```
int array[]={34,91,83,56,29,93,56,12,88,72};          //定义整型数组
int size=sizeof(array)/sizeof(int);
```

上述两条语句执行完后，size 变量的值等于 array 数组中元素的个数，即等于 10。

【例 2-35】 利用 sizeof 计算不同数据对象占用内存的字节数。

```
#include<stdio.h>
int main()
{
    int a = 1;
    float b = 1.0;
    char c = '1';
    printf("int:%dbytes\n",sizeof(a));
    printf("float:%dbytes\n",sizeof(b));
    printf("char:%dbytes\n",sizeof(c));
    return 0;
}
```

该程序的运行结果如图 2-2 所示。

```
int:4bytes
float:4bytes
char:1bytes

Process returned 0 (0x0)   execution time : 0.031 s
```

图 2-2　例 2-35 的运行结果

sizeof 运算符的优先级与++、--等单目运算符的优先级相同，它的结合性为自右至左。

2.4.10　强制类型转换运算符

在 C 语言中，不同类型的数据是不能直接进行运算的。一般有两种类型转换：一种是在运算时不必由用户指定，而由系统自动进行的类型转换，称为隐式类型转换；另一种是由程序员写出被转换数据的目标类型，称为强制类型转换。

进行隐式类型转换时，通常系统会将低精度的数据自动提升为高精度的类型以确保尽可能减小转换的精度损失。如果系统因为类型转换而影响结果的精度时，编译器会给出提示。

例如，求圆的面积的程序段如下。

```
int r=5;
float PI=3.141593;
```

```
double area;
area=r*r*PI;
```

在本例中,半径 r 会被先转换为 float 以便进行乘法运算;但在进行赋值运算时,系统会将赋值运算符右边的结果再一次转换为 double,然后才能进行赋值。

当隐式类型转换不能实现目的时,可以用强制类型转换。强制类型转换运算符的作用是将一个表达式的值强制转换成所需的数据类型。因为程序员对转换的结果承担责任,当有数据精度损失时,通常系统不再提示。

强制类型转换的一般形式为

(数据类型名)表达式

或

数据类型名(表达式)

例如:

```
(float)a        //将 a 转换为 float 型
(int)(x+y)      //将"x+y"的值转换成 int 型
(float)(5%3)    //将"5%3"的值转换成 float 型
(double)3/2     //将 3 的值转换成 double 型再除以 2
```

在这里,我们要区分"(double)3/2"与"(double)(3/2)"的不同。"(double)3/2"是先将 int 型常量 3 强制转换成 double 型,然后再计算"3.0/2"的结果,因此值为 1.5;而"(double)(3/2)"是先计算"3/2",结果为 1,再强制转换成 double 型,其结果为 1.0。

【例 2-36】 强制类型转换的简单示例。

```
#include<stdio.h>
int main()
{
    int a ;
    float b = 2.3;
    a = int(b);
    printf("b=%f\n",b);
    printf("a=%d\n",a);
    printf("a=%f\n",a);
    printf("b=%d\n",b);
    return 0;
}
```

运行结果为

```
b=2.300000
a=2
a=2.299999
b=1610612736
```

该程序的第 1 个输出为 b 的值,b 是浮点数,按照浮点格式输出,结果是 2.300 000。第 2 个输出为 a 的值,a 是浮点数 b 取整后的值,本身是整型数,按照整型格式输出,结果是 2。第 3

个输出为 a 的值，a 是整型数，但被自动转换为浮点数，按照浮点格式输出，结果是 2.299 999。这里要注意的是，浮点数不精确，这就是个很好的例子。第 4 个输出为 b 的值，b 是浮点数，但是按照整型格式输出，结果无效。

2.4.11　分量运算符

分量运算符“.”和“－＞”用于访问结构体成员，具体使用见结构体相关章节。

2.4.12　下标运算符

下标运算符“[]”用于访问数组元素，具体使用见数组相关章节。

第3节　应用实践

Arduino 的开发准备分为硬件和软件两部分。

硬件部分：Arduino 板和 USB（通用串行总线）线，如图 2-3 所示。

图 2-3　Arduino 板和 USB 线

用 USB 线连接 Arduino 板和计算机，如果是 Arduino Diecimila，可以选择用 USB 或电源连接，板上有个塑料的按钮，连接成功后板上的绿灯（PWR）会亮起。

软件部分：

下载 Arduino 开发环境，安装驱动程序。首先，计算机自动安装驱动，过一会儿会提示安装失败；然后，从路径“控制面板”→“系统”→“设备管理器”查看端口，可以看到有个“Arduino UNO（COMxx）”；在此端口上右击更新驱动程序，从下载的 Arduino 软件文件夹“Driver”下（不是“FTDIUSB 驱动”）选择“ArduinoUNO. inf”；最后，单击 arduino. exe 程序，即可开始编程了，如图 2-4 所示。

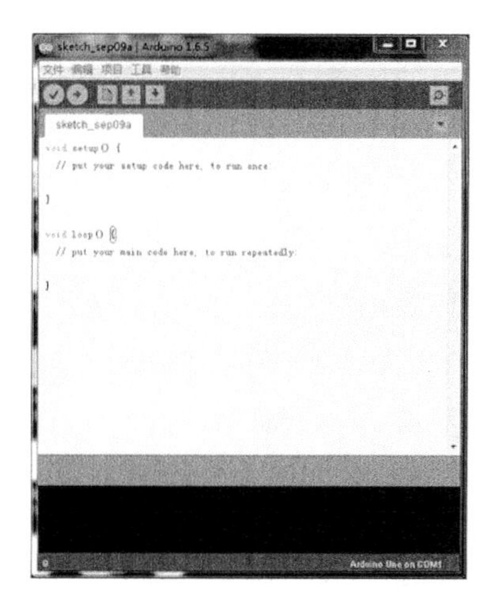

图 2-4　编程界面

第3章　输入与输出

第1节　范例导学

【例 3-1】 字符型变量。

编写将字符'0'赋予变量 c1,'a'赋予变量 c2,字符'B'赋予变量 c3,字符'@'赋予变量 c4 后,隔位显示 c1,c2,c3,c4 的程序。

【程序例】

```
#include<stdio.h>
int main()
{
    char c1, c2, c3, c4;
    c1 = '0';                                /*赋值*/
    c2 = 'a';                                /*赋值*/
    c3 = 'B';                                /*赋值*/
    c4 = '@';                                /*赋值*/
    printf("%c %c %c %c\n", c1, c2, c3, c4);  /*以字符输出*/
    return 0;
}
```

【结果】

```
0 a B @
```

【说明】

① 第 4 行“char c1, c2, c3, c4;”是变量类型说明,定义变量 c1, c2, c3, c4 为字符型变量。C 语言的字符值只能取单个字符。

② 第 5～8 行将字符值'0','a','B','@'分别赋给变量 c1, c2, c3, c4。

③ 显示字符型变量时用%c 格式,即“printf("%c %c %c %c\n", c1, c2, c3, c4);”。

④ “c2 ='a';”表示变量 c2 的内容是字符'a',即 ASCII 码 97。这样,用%d 格式显示变量 c1 的内容时,其结果为 97。

【例 3-2】 显示输出。

编写分别将 C, C, S, U 以字符形式赋给变量后显示 CCSU 的程序。

【程序例】

```
#include<stdio.h>
int main()
{
    char c1, c2, c3, c4;
    c1 = 'C';                                  /*赋值*/
    c2 = 'C';                                  /*赋值*/
    c3 = 'S';                                  /*赋值*/
    c4 = 'U';                                  /*赋值*/
    printf("%c%c%c%c\n", c1, c2, c3, c4);      /*以字符输出*/
    return 0;
}
```

【结果】

```
CCSU
```

【说明】

第 5～8 行进行变量赋值；第 9 行按格式%c 显示变量 c1，c2 ，c3，c4，结果为 CCSU。

【例 3-3】 字符的 ASCII 码。

编写将字符'0'，'a'，'B'，'@'分别赋给变量 c1，c2，c3，c4 后，显示变量 c1，c2，c3，c4 内容的 ASCII 码的程序。

【程序例】

```
#include<stdio.h>
int main()
{
    char c1, c2, c3, c4;
    c1 = '0';                                  /*赋值*/
    c2 = 'a';                                  /*赋值*/
    c3 = 'B';                                  /*赋值*/
    c4 = '@';                                  /*赋值*/
    printf("%d %d %d %d\n", c1, c2, c3, c4);   /*以 ASCII 码输出*/
    return 0;
}
```

【结果】

```
48 97 66 64
```

【说明】

该程序和例 3-1 差不多，不过输出的时候把%c 改成了%d，变为输出 ASCII 码。程序中第 9 行由%d 格式显示变量 c1，c2，c3，c4 的 ASCII 码。变量 c1 是显示字符'0'的 ASCII 码 48，c2 是显示字符'a'的 ASCII 码 97，c3 是显示字符'B'的 ASCII 码 66，c4 是显示字符'@'的 ASCII 码 64。

【例 3-4】 以 ASCII 码形式赋值。

编写将 48,97,66，64 分别赋给变量 c1，c2，c3，c4 并显示其作为 ASCII 码所对应字符的程序。

【程序例】

```
#include<stdio.h>
int main()
{
    char c1, c2, c3, c4;
    c1 = 48;                              /* ASCII 码赋值 */
    c2 = 97;                              /* ASCII 码赋值 */
    c3 = 66;                              /* ASCII 码赋值 */
    c4 = 64;                              /* ASCII 码赋值 */
    printf("%c %c %c %c\n", c1, c2, c3, c4);   /* 以字符输出 */
    return 0;
}
```

【结果】

```
0 a B @
```

【说明】

本程序先将数 48,97,66，64 分别赋给变量 c1，c2，c3，c4。由%c 格式显示变量 c1，c2，c3，c4 的内容时，则分别显示其数据作为 ASCII 码所对应的字符'0'，'a'，'B'，'@'。

【例 3-5】 输入整数。

编写输入一个整数并进行屏幕显示的程序。

【程序例】

```
#include<stdio.h>
int main()
{
    int i;                               /* 类型说明 */
    scanf("%d", &i);                     /* 输入一个整数 */
    printf("i = %d\n", i);               /* 显示输入的值 */
    return 0;
}
```

【结果】

```
10 ↙
10
```

【说明】

① 程序中的第 5 行用“scanf("%d",&i);”由键盘输入一个整数并赋给变量 i，但变量 i 需预先进行整型变量说明。

② 程序运行时等待输入，按若干数值键并按 Enter 键后，则将数值赋给变量 i。

③ “&i”表示变量 i 的地址。

【例 3-6】 输入两个整数。

编写输入两个整数并相加输出的程序。

【程序例】

```
#include<stdio.h>
int main()
{
    int i, j;                                   /* 类型说明 */
    scanf("%d", &i);                            /* 输入第一个整数 */
    scanf("%d", &j);                            /* 输入第二个整数 */
    printf("%d + %d = %d\n",i, j, i + j);       /* 输出两个数相加的结果 */
    return 0;
}
```

【结果】

```
1↙
2↙
1 + 2 = 3

1 2↙
1 + 2 = 3
```

【说明】

① 第 5 行用于输入一个整数,赋予变量 i。

② 第 6 行用于输入一个整数,赋予变量 j。

③ 输入方式为先按下数字键,再按下 Enter 键,然后按下数字键,最后按下 Enter 键;或者按下数字键,然后按下空格键,再按下数字键,最后按下 Enter 键。

【例 3-7】 一条语句输入两个整数。

编写用一条 scanf 语句输入两个整数并相乘的程序。

【程序例】

```
#include<stdio.h>
int main()
{
    int i, j;                                   /* 类型说明 */
    scanf("%d%d", &i, &j);
    printf("%d * %d = %d\n",i, j, i * j);       /* 输出两个数相乘的结果 */
    return 0;
}
```

【结果】

```
2 5↙
10
```

```
2 ↙
5 ↙
10
```

【说明】

第 5 行用于输入两个整数。输入方式:数字键+Space 键+数字键+Enter 键或数字键+Enter 键+数字键+Enter 键。

【例 3-8】 输入浮点数。

编写输入两个实数并求其差的程序。

【程序例】

```
#include<stdio.h>
int main()
{
    float i, j;                                  /*类型说明*/
    scanf("%f%f", &i, &j);
    printf("%f - %f = %f\n",i, j, i - j);    /*输出两个数相减的结果*/
    return 0;
}
```

【结果】

```
5.3 2.1 ↙
5.300000 - 2.100000 = 3.200000

5.3 ↙
2.1 ↙
5.300000 - 2.100000 = 3.200000
```

【说明】

① 输入实数时,所有变量均需说明为实型变量。

② 在 scanf 语句中由%f 指定实型变量,以“& 变量标识符”进行输入。

【例 3-9】 输入字符。

编写输入字符并进行显示的程序。

【程序例】

```
#include<stdio.h>
int main()
{
    char c;              /*类型说明*/
    scanf("%c", &c);
    printf("c = %c\n", c);
```

```
        return 0;
    }
```

【结果】

```
    asd ↙
    a

    a ↙
    a
```

【说明】

① 用 scanf 输入单个字符的方式。

```
    char c;                    /* 说明变量为字符型变量 */
    scanf("%c", &c);           /* scanf 为输入指示,%c 为字符指示,&c 表示被输入变量的地址 */
```

② 若输入"a"再按 Enter 键,表示将字符'a'赋给变量 *c*;若输入"asd"再按 Enter 键,仅第 1 个字符'a'赋给变量 *c*。

【例 3-10】 输入两个字符。

编写输入两个字符并进行显示的程序。

【程序例】

```
    #include<stdio.h>
    int main()
    {
        char c1, c2;                   /* 类型说明 */
        scanf("%c%c", &c1, &c2);
        printf("%c %c\n", c1, c2);
        return 0;
    }
```

【结果】

```
    as ↙
    a s

    a s ↙
    a
```

【说明】

① 用 scanf 语句输入两个字符。

```
    char c1, c2;                      /* 类型说明 */
    scanf("%c%c", &c1, &c2);          /* 一个赋值给 c1,一个赋值给 c2 */
```

② 按"a"、"s"键后按 Enter 键,则字符'a'赋予变量 c1,字符's'赋予变量 c2。
按"a"键加空格键再按"s"键和 Enter 键,则字符'a'赋予变量 c1,空格赋予变量 c2。

空格也是符号可以被 char 读进去。

【例 3-11】 无视空格输入两个字符。

编写输入两个字符的程序,但输入时无视空格。

【程序例】

```
#include<stdio.h>
int main()
{
    char c1, c2;                    /* 类型说明 */
    scanf("%c %c", &c1, &c2);       /* 按照格式输入,第一个字符与第二个字符之间的空格
                                       和换行都不会读 */
    printf("%c %c\n", c1, c2);
    return 0;
}
```

【结果】

```
a s↙
a s

as↙
a s

a   s↙
a s

a↙
s↙
a s
```

【说明】

① 比较下述与例 3-10 的区别。

```
char c1, c2;             /* 类型说明 */
scanf("%c %c", &c1, &c2);
```

② 按“a”、“s”键和空格键时,'a'赋予变量 c1,'s'赋予变量 c2。按“a”键、两个空格键、“s”键和 Enter 键时,'a'赋予变量 c1,'s'赋予变量 c2。按“a”键加 Enter 键和“s”键加 Enter 键时,'a'赋予变量 c1,'s'赋予变量 c2。按“a”、“s”键和 Enter 键时,'a'赋予变量 c1,'s'赋予变量 c2。

【例 3-12】 用 scanf 分别输入两个字符。

编写分别用 scanf 语句输入两个字符的程序。

【程序例】

```
#include<stdio.h>
int main()
{
```

```
    char c1, c2;                /* 类型说明 */
    scanf("%c", &c1);
    scanf("%c", &c2);
    printf("%c %c\n", c1, c2);
    return 0;
}
```

【结果】

```
asd↙
a s

a s↙
a
```

【说明】

① 第 5 和 6 行分别用 scanf 语句输入一个字符。

② 输入时,第 1 个字符赋给变量 c1,第 2 个字符赋给变量 c2。

例如,按"a"、"s"、"d"键和 Enter 键时,字符' a '赋予变量 c1,字符' s '赋予变量 c2;按"a"键加空格键和"s"键加 Enter 键时,字符' a '赋予 c1,空格符赋予 c2。

【例 3-13】 无视一个字符的输入。

编写输入 3 个字符但无视第 2 个字符的程序。

【程序例】

```
#include<stdio.h>
int main()
{
    char c1, c2;                /* 类型说明 */
    scanf("%c", &c1);
    scanf("%*c%c", &c2);
    printf("%c %c\n", c1, c2);
    return 0;
}
```

【结果】

```
asdf↙
a d

a   s↙
a
```

【说明】

① 将例 3-12 程序改为

```
scanf("%c",&c1);
```

```
scanf("%*c%c",&c2);  //%*c为无视一个字符,%c为输入一个字符
```

② 按“a”、“s”、“d”、“f”键和 Enter 键时,'a'赋给 c1,'s'被无视,'d'赋给 c2。按“a”键、2 个空格键、“s”键和 Enter 键时,'a'赋给 c1,第 3 位上的空格符赋给 c2。

【例 3-14】 十六进制数和八进制数。

编写将 31 表示为十六进制数和将 31 表示为八进制数的程序。

【程序例】

```
#include<stdio.h>
int main()
{
    int i;
    i = 31;
    printf("%d 的十六进制数是 %x\n", i, i);    //用十六进制数表示 31
    printf("%d 的八进制数是 %o\n", i, i);      //用八进制数表示 31
    return 0;
}
```

【结果】

```
31 的十六进制数是 1f
31 的八进制数是 37
```

【说明】

① %x 是十六进制数的显示格式。例如：

```
printf("%x",31);          //用十六进制数表示 31,31 的十六进制数为 1f
```

② %o(注意是英文小写字母 o,而不是数字 0)是八进制数的表示格式。例如：

```
printf("%o",31);          //用八进制数表示 31,31 的八进制数是 37
```

【例 3-15】 科学记数法。

取变量 a 为 1 335.236,b 为 94.33,编写用科学记数法形式显示它们的程序。

【程序例】

```
#include<stdio.h>
int main()
{
    float i;
    while(~scanf("%f", &i))
    {
        printf("%e\n", i);          //变量 i 的内容表示成科学记数法
    }
    return 0;
}
```

【结果】

```
1000000↙
1.000000e+006

1.23456↙
1.234560e+000

123.456↙
1.234560e+002
```

【说明】%e 是科学记数法表示格式。例如：

```
printf("%e\n",i);                    //变量 i 的内容表示成科学记数法
```

【例 3-16】 输入十六进制数。

输入一个十六进制数，分别用十六进制、十进制和八进制显示。

【程序例】

```
#include<stdio.h>
int main()
{
    int i;
    while(~scanf("%x", &i))          //%x 是输入十六进制数的格式符
    {
        printf("十六进制:%x  十进制:%d  八进制:%o\n", i, i, i);
    }
    return 0;
}
```

【结果】

```
100↙
十六进制:100  十进制:256  八进制:400

1↙
十六进制:1  十进制:1  八进制:1
```

【说明】

在 scanf 语句中用%x 格式输入十六进制数。

【例 3-17】 输入八进制数。

输入一个八进制数，分别用十六进制、十进制和八进制显示。

【程序例】

```
#include<stdio.h>
int main()
{
```

```
    int i;
    while(~scanf("%o", &i))
    {
        printf("十六进制:%x  十进制:%d  八进制:%o\n", i, i, i);
    }
    return 0;
}
```

【结果】

```
100↙
十六进制:40  十进制:64  八进制:100
```

【说明】

在 scanf 语句中用%o 格式输入八进制数，和例 3-16 只是在 scanf 语句里面的符号不一样。

【例 3-18】 long 型变量。

编写把 2 147 483 647 赋值给一个变量再输出这个变量和输出这个变量加 1 的结果的程序。

【程序例】

```
#include <stdio.h>
int main()
{
    long n;
    n = 2147483647;
    printf("n = %ld, n + 1 = %ld", n, n + 1);
    return 0;
}
```

【结果】

```
n = 2147483647, n + 1 = -2147483648
```

【说明】

① 整型变量中有长整型变量，变量说明为“long 变量标识符;”，如“long n;”。

② long 型变量的取值为−2 147 483 648～2 147 483 647。

③ long 型显示格式为%ld，如“printf("%ld",a);”。

【例 3-19】 double 型变量。

将变量 a,b,sum 说明为 double 型变量，将值 0.123 456 78 赋给变量 a，值 0.876 543 21 赋给变量 b，进行 $a+b$ 运算并保存到 sum。

【程序例】

```
#include <stdio.h>
int main()
{
```

```
    double a, b, sum;
    a = 0.12345678;
    b = 0.87654321;
    sum = a + b;
    printf("%lf + %lf = %lf\n", a, b, sum);
    return 0;
}
```

【结果】

```
0.123457 + 0.876543 = 1.000000
```

【说明】

① double 型又称为双精度浮点型，说明格式为“double 变量标识符；”，如“double c;”。

② double 型取值为 $1.7\times10^{-308}\sim1.7\times10^{308}$，显示时用%lf 格式。

【例 3-20】 无符号整型。

对变量 *a*,*b*,*c* 进行 unsigned int 型说明，将 65 赋给 *a*，66 赋给 *b*，67 赋给 *c*，对变量 *a*,*b*,*c* 用%c 格式进行显示。

【程序例】

```
#include <stdio.h>
int main()
{
    unsigned int a, b;
    a = 1;
    b = -1;
    printf("a = %u, b = %u\n", a, b);
    return 0;
}
```

【结果】

```
a = 1, b = 4294967296
```

【说明】

① 无符号整型变量的说明格式为“unsigned int 变量标识符；”，如“unsigned int a,b;”。

② 无符号整型变量的取值范围为 0～4 294 967 296(不同的机器有不同的范围，主要看机器是多少位，16 位的机器范围是 0～65 535)。

【例 3-21】 显示指定位数的整数。

将 123 分别用域宽 2 位、5 位、8 位和－2 位、－5 位、－8 位进行显示。

【程序例】

```
#include <stdio.h>
int main()
{
```

```
    int a;
    a = 123;
    printf("%2d! \n", a);
    printf("%5d! \n", a);
    printf("%8d! \n", a);
    printf("%-2d! \n", a);
    printf("%-5d! \n", a);
    printf("%-8d! \n", a);
    return 0;
}
```

【结果】

```
123!
  123!
     123!
123!
123  !
123     !
```

【说明】

%d格式显示整数，在%和d之间写入数值，则该数值为整数在屏幕上显示时所占的字符位数。如果输入的数为正数，表示向后对齐；如果输入的数为负数，则向前对齐。给占用的字符不能给别的输出占用。

【例 3-22】 浮点数的书写格式。

将0.123 456 7赋给 a，0.765 432 1赋给 b，要求显示4行 $a+b$，每一行 a，b 均要求采用域宽10位。显示第1行时，a，b 不规定小数点后几位；显示第2行时，a，b 输出到小数点后4位；显示第3行时，a，b 输出到小数点后2位；显示第4行时，规定 a，b 不输出小数点后的数字。

【程序例】

```
#include <stdio.h>
int main()
{
    float a, b;
    a = 0.1234567;
    b = 0.7654321;
    printf("%10f + %10f\n", a, b);
    printf("%10.4f + %10.4f\n", a, b);
    printf("%10.2f + %10.2f\n", a, b);
    printf("%10.0f + %10.0f\n", a, b);
    return 0;
}
```

【结果】

```
0.123457 +    0.765432
   0.1235 +      0.7654
      0.12 +         0.77
          0 +            1
```

【说明】

在 printf 语句中，在格式符%f 的%和 f 之间填入数值，如“%10.4f”，表示该数显式时整体占 10 位，小数点后 4 位，但 10 位中含小数点(不使用默认小数点后 6 位)，printf()函数会根据格式要求自动对 float 和 double 类型小数进行四舍五入。

【例 3-23】　显示浮点数，小数点后指定位数。

编写输入一个浮点数，显示小数点以后 3 位、2 位、1 位的程序。

【程序例】

```
#include <stdio.h>
int main()
{
    float a, b;
    a = 0.1357;
    printf("%f\n", a);
    printf("%.3f\n", a);
    printf("%.2f\n", a);
    printf("%.1f\n", a);
    return 0;
}
```

【结果】

```
0.135700
0.136
0.14
0.1
```

【说明】

① 在 printf 语句中，若在%f 的%和 f 之间写入小数点和数值，则数值表示小数点后的位数。

② 实数 0.135 7 的显示例：

%.3f	0.136	3 位	小数点后第 4 位四舍五入
%.2f	0.14	2 位	小数点后第 3 位四舍五入
%.1f	0.1	1 位	小数点后第 2 位四舍五入

【例 3-24】　字符型变量的书写格式。

将字符'a'赋给变量 c，指定 c 用域宽 1 位、2 位、3 位的格式进行显示。

【程序例】

```
#include<stdio.h>
```

```
int main()
{
    char c = 'a';
    printf("%1c\n%2c\n%3c\n", c, c, c);
    return 0;
}
```

【结果】

```
a
 a
  a
```

【说明】

字符型变量的显示格式符为%c，在%和c之间填入数值，可指定显示时该字符所占的位数(域宽)。

【例 3-25】 按指定位数输入整数。

编写输入一个4位以下整数的程序。

【程序例】

```
#include<stdio.h>
int main()
{
    int x;
    scanf("%4d",&x);
    printf("%4d\n",x);
    return 0;
}
```

【结果】

```
1234↙
1234

123456↙
1234

12↙
  12
```

【说明】

① 在scanf语句中，用%d输入数值可进行指定位数的输入。例如：

```
scanf("%4d",&x);        //输入整型的前4位
```

② 按"1"、"2"、"3"、"4"键和Enter键时，数1 234赋给变量x。

按"1"、"2"、"3"、"4"、"5"、"6"键和Enter键时，数1 234赋给变量x。

【例 3-26】 按指定位数输入两个整数。

编写输入 3 个整数并求其和的程序，第 1 个整数 1 位，第 2 个整数 2 位，第 3 个整数 3 位。

【程序例】

```
#include<stdio.h>
int main()
{
    int a,b,c,sum;
    scanf("%1d %2d %3d",&a,&b,&c);
    sum = a + b + c;
    printf("%1d+%2d+%3d=%d\n",a,b,c,sum);
    return 0;
}
```

【结果】

```
123456 ↙
1+23+456=480

12 23 1 ↙
1+22+31=54

12345 ↙
1+23+ 45=69

1 ↙
234 ↙
1+23+4=28
```

【说明】

① 输入格式表示如下。

```
scanf("%1d %2d %3d",&a,&b,&c);   /* %1d 表示 1 位整数，%2d 表示 2 位整数，%3d 表示 3
                                     位整数 */
```

② 按"1"、"2"、"3"、"4"、"5"、"6"键和 Enter 键时，数 1 赋给变量 a，23 赋给变量 b，456 赋给变量 c。

按"1"键、"2"键、空格键、"2"键、"3"键、空格键、"1"键和 Enter 键时，数 1 赋给 a，22 赋给 b，31 赋给 c。

按"1"、"2"、"3"、"4"、"5"键和 Enter 键时，数 1 赋给 a，23 赋给 b，45 赋给 c。

按"1"键、Enter 键、"2"键、"3"键、"4"键和 Enter 键时，数 1 赋给 a，23 赋给 b，4 赋给 c。

第 2 节　知 识 详 解

输入、输出是 C 程序的一个重要组成部分，程序运行所需要的数据往往要从输入设备（如键盘、鼠标等)输入,程序的运行结果通常也要输出到输出设备(如显示器、打印机、U 盘)中去。本章介绍 C 语言对输入、输出操作的支持。

在 C 语言中,是通过函数实现输入、输出的,常用的输入、输出函数有:

● 字符输入、输出函数:getchar(输入单个字符)、putchar(输出单个字符)。

● 字符串(多个字符)输入、输出函数:gets(输入字符串)、puts(输出字符串)。

● 格式化(按照特定格式)输入、输出函数:scanf(格式化输入)、printf(格式化输出)。

程序中要使用这些函数,需要包含头文件 stdio. h。gets 和 puts 函数的使用在数组一章再进行介绍。

3.1 字符输入、输出函数

3.1.1 字符输入函数 getchar

getchar 函数的作用是从标准输入设备(一般是键盘)输入一个字符。getchar 函数是一个无参函数,其函数原型为

```
int getchar(int);
```

注意:在使用该函数前要先包含 stdio. h 头文件。也就是在程序的开始部位,必须加上语句"#include<stdio. h>"。若运行成功,则接收从输入设备输入的字符并返回其值;若运行出错,则返回值为−1。

【例 3-27】 从键盘输入一个字符。

```
#include<stdio. h>
int main()
{
    char c;
    c=getchar();            /* 该语句将键盘读入的字符赋值给变量 c,注意 c 是字符型变量 */
    return 0;
}
```

如果从键盘输入多个字符,getchar 函数只接收第一个字符。

3.1.2 字符输出函数 putchar

putchar 函数的作用是向标准输出设备(一般是屏幕)输出一个字符,其函数原型为

```
int putchar(char c);
```

该函数执行成功则返回要输出的变量 c 的值,若出错则返回 EOF。

【例 3-28】 输出单个字符。

```
#include <stdio. h>
int main()
{
  char c;
  c=C;
```

```
    putchar(c);
    c=\n
    putchar(c);
return 0;
}
```

以上程序的运行结果为字符'C'和换行。这里请注意小写 c 是变量名，而大写字母 C 是它的值。变量名只是一个名字，是程序员为该存储单元取的方便记忆的名字；而值是该存储单元所保存的内容。字符型变量的取值范围为整个 ASCII 码表，数字、字母和符号都可以成为字符型变量的值；因此第二次赋值时，变量 *c* 的值就变成了换行符。putchar(c)就相当于putchar(\n)，其作用就是输出一个换行符，从而将输出的当前位置移动到下一行的开头。

3.2　格式化输入、输出函数

printf 函数和 scanf 函数是最常用的格式化输入、输出函数，它们可以按照指定的格式输入、输出数据。

3.2.1　格式化输出函数 printf

printf 函数的作用是向标准输出设备(如键盘)输出数据。

1. printf 函数的一般格式

printf 函数的一般格式为

printf(格式控制字符串，输出列表)

例如：

```
printf("%c,%d,%i,%x\n",a,b,c,d);
```

printf 函数的参数包括用逗号区分的两部分内容，逗号之前在双引号之中的是格式控制字符串，逗号之后的是输出列表。

格式控制字符串是用双引号括起来的内容，原则上它的内容会一成不变地输出，如字符、空格和数字等，双引号里有什么，计算机就输出什么；但有以下两种情况例外。

① 格式说明，包含“%”的格式说明，如%d，%f 等。它的作用是将数据转换为指定的格式输出，它在双引号里起到一个占位的作用。也就是说，在这个位置上将会有一个对应的输出表列里的值来替代它。

② 转义字符，包含“\”的转义符号，如“\n”。

输出表列是需要输出的数据，可以是常量、变量或者表达式，它的值将替代双引号里的格式说明。

2. 格式字符

常用的格式字符及其含义如表 3-1 所示。

表 3-1　常用的格式字符及其含义

格式字符	类　型	输出格式
%c	char	以字符形式输出，只输出一个字符
%d，%i	int	有符号十进制整数(d 表示十进制数，而 i 表示整型数，两者等价)
%o	unsigned int	无符号八进制整数
%u	unsigned int	无符号十进制整数
%x，%X	unsigned int	以无符号十六进制形式输出整型，%x 时使用 0～9 和 a～f 形式输出，%X 时使用 0～9 和 A～F 形式输出
%e，%E	float，double	以指数形式输出整型，如用%E 输出时指数以“E”表示，反之用 e
%f	float，double	以小数形式输出单、双精度数，隐含输出 6 位小数
%s	char	输出字符串
%g，%G	float，double	选用%f 和%e 格式中输出宽度较短的一种格式，不输出无意义的 0

在格式字符外，我们可以添加附加格式说明字符来说明数据的输出位数和对齐信息，如表 3-2 所示。

表 3-2　附加格式说明字符

附加格式说明字符	说　明
字母 l	用于长整型，可以加在格式字符 d，o，x，u 前面
正整数 *m*	整个数据的输出宽度
正整数 *n*	*n* 出现在小数点后，输出实数时，表示保留 *n* 位小数；对于字符串，表示截取的字符个数
—	输出的数据或字符在域内向左对齐(默认向右对齐)

各常用格式字符及其使用方法如下。

【例 3-29】　输出整型数据。

```
#include<stdio.h>
int main()
{
    int a , b;
    a = 123456;
    b = 987654;
    printf("%8d,%4d\n",a,b);
    return 0;
}
```

该程序的运行结果为

```
  123456,987654
```

其中，格式字符“%8d”指定整型变量 *a* 的输出域宽为 8 列，*a* 的值为 123 456，只占 6 位，所以在前面输出两个空格；格式字符“%4d”指定整型变量 *b* 的输出域宽为 4 列，小于变量 *b* 的实际宽度 6，所以将按照其实际域宽输出(突破宽度限制)。

① %d，按整型数据的实际长度输出。

② %md，*m* 为指定的输出字段的宽度。如果数据的位数小于 *m*，则左端补空格；若大于

m,则按实际位数输出。

③ %ld,用来输出长整型数据。

【例 3-30】 输出长整型数。

```
#include<stdio.h>
int main()
{
    long x = 1234567890;   /* 这一数据超出数据范围 */
    printf("%ld\n",x);
    printf("%d\n",x);
    return 0;
}
```

该程序的运行结果为

```
1234567890
1234567890
```

【例 3-31】 输出字符。

在 Dev-C++里使用%d 也能输出长整型数据。

```
#include<stdio.h>
int main()
{
    char c = 'C';
    int a = 67;
    printf("%c\n",c);    //输出 C
    printf("%d\n",c);    //输出 67
    printf("%c\n",a);    //输出 C
    printf("%d\n",a);    //输出 67
    return 0;
}
```

字符数据可以用%d 或者%i 的格式输出,输出结果为这一字符对应的 ASCII 码。如果一个整数的值是在 0～255 范围内的整数,使用%c 格式控制字符输出时,系统会将该整数作为 ASCII 码转换成相应的字符。

【例 3-32】 输出实型数据。

```
#include<stdio.h>
int main()
{
    float a;
    a = 9.8765432;
    printf("a=%7.4f\n",a);
    return 0;
}
```

该程序的运行结果为

```
a= 9.8765
```

变量 a 的输出格式控制字符串中的“%7.4f”表示输出一个浮点型数据，总共占 7 列，小数点后的数据占 4 列，右对齐。请注意，小数点本身也占用一列。

【例 3-33】 用短格式输出数据。

```
#include<stdio.h>
int main()
{
    float a = 987.654;
    printf("%f %e %g!\n",a,a,a);
    return 0;
}
```

该程序的运行结果为

```
987.653992  9.876540e+002  987.654!
```

用%f 格式输出占 10 列(小数点保留 6 位)；用%e 格式输出占 13 列；用%g 格式输出时，自动从上面两种格式中选择较短的一种输出，所以按照% f 格式用小数形式输出，最后 3 个小数位为无意义的数据不输出，因此，输出 987.654。

【例 3-34】 字符串输出。

```
#include<stdio.h>
int main()
{
    printf("%3s ,%5.3s ,%.4s ,%-6.3s\n","ABCDE","ABCDE","ABCDE","ABCDE");
    return 0;
}
```

该程序的运行结果为

```
ABCDE,   ABC,ABCD,ABC
```

其中，格式说明“%3s”中的域宽 3 小于字符串"ABCDE"本身的长度，所以将突破域宽限制，原样输出；格式说明“%5.3s”用来输出字符串的前两个字符，域宽为 5，右对齐，所以前面补 2 个空格，然后输出“ABC”；格式说明“%.4s”用来输出字符串的前 4 位，没有指定 m，所以输出占 4 列；格式说明“%-6.3s”用来输出字符串的前 3 个字符，域宽为 6，左对齐，所以输出“ABC”，然后输出 3 个空格。

格式说明如下。

● %s：如“printf("%s","ABCDE");”，输出双引号中的字符串(一串字符)。

● %ms：输出的字符串占 m(m 为整数)列。如果字符串本身长度大于 m，则突破 m 的限制，将字符串全部输出；若字符串长度小于 m，则左边补空格。

● %-ms：如果字符串长度小于 m，则在 m 列范围内，字符串向左靠，右补空格。

● %m.ns：输出占 m 列，但只取字符串中左端的 n 个字符。这 n 个字符输出在 m 列的右

侧，左补空格。

● %－m.ns：其中 m，n 的含义同上，n 个字符输出在 m 列范围的左侧，右补空格。如果 $n>m$，则自动取 n 值，保证 n 个字符正常输出。

3.2.2　格式化输入函数 scanf

scanf 函数的作用是从标准输入设备按指定格式输入若干个任意类型的数据。调用该函数的一般格式为

scanf(格式控制字符串,数据存储地址项列表)

圆括号中的格式控制字符串的含义同 printf 函数，具体如表 3-3 所示。数据存储地址项列表是由若干个地址组成的列表，可以是变量的地址或字符串的首地址。对于初学者而言，因为不了解地址的概念，只需要记住，当输入内容为数值(整型、浮点型和双精度型)或字符时，必须在变量前加上取地址运算符“&”即可。

表 3-3　scanf 格式字符

格式字符	说　明
%d,%i	输入有符号的十进制整型
%u	输入无符号的十进制整型
%o	输入无符号的八进制整型
%x,%X	输入无符号的十六进制整型，小写 x 时用 a～f，大写 X 时用 A～F
%c	输入单个字符 char
%s	输入字符串 string，将字符串送入一个字符数组中。输入时以非空格字符开始，以第一个空格字符结束，字符串以字符串结束标志'\0'作为最后一个字符
%f	用来输入浮点数 float，可以用小数形式或指数形式输入
%e,%E,%g,%G	与%f 作用相同，%e 与%f，%g 可以互相替换

【例 3-35】 用 scanf 函数输入数据。

```
#include<stdio.h>
int main()
{
    int x,y,z;
    scanf("%d%d%d",&x,&y,&z);
    printf("x=%d,y=%d,z=%d\n",x,y,z);
}
```

该程序的运行结果为

```
3 2 1↙
x=3,y=2,z=1
```

C 语言认可的数据分隔符有空格、跳格符(\t)、换行符(\n)，可以用这些符号来分隔数据。如果输入“3,2,1”会怎么样呢？因为逗号不是合格的分隔符，会被程序当作输入内容读入，因

此将产生不可预期的结果。

scanf 语句中的“&x,&y,&z”中的“&”是取地址运算符,&x 指 x 在内存中的地址。以上 scanf 语句的作用是:将读入的内容(这里就是输入的 3,2 和 1)分别存入 x,y 和 z 变量的存储空间中。

注意:如果在 scanf 函数的两个格式说明符之间有一个或多个不作为输入内容的字符,那么在输入数据时,这些内容也必须按照预先的格式被包含进去。

【例 3-36】 scanf 函数的使用。

```
#include<stdio.h>
int main()
{
    int x,y,z;
    scanf("x=%d,y=%d,z=%d",&x,&y,&z);
    printf("x=%d,y=%d,z=%d\n",x,y,z);
}
```

此时正确的输入内容应该是

```
x=10,y=8,z=6 ↙
```

该程序的运行结果为

```
x=10,y=8,z=6
```

上例中的输入内容只有 10,8 和 6 三个整数,但输入时,必须严格包含“x=□,y=□,z=□”的格式,以及所有不作为输入内容的字符。也可以简单地理解为,输入内容是严格按照格式对齐输入的。

关于 scanf 函数的调用需要注意的事项有以下几点。

① scanf 函数中的格式控制形式是带有“&”符号的变量地址(对于数值型和字符型而言),而不应是变量名。也就是说,语句“scanf("%d,%d",x, y);”是不正确的。

② 可以指定输入数据所占的列数,系统自动按照指定的列数截取所需数据。

【例 3-37】 指定输入数据所占的列数。

```
#include<stdio.h>
int main()
{
    int x,y;
    scanf("%4d%5d",&x,&y);
    printf("x=%d,y=%d\n",x,y);
}
```

如果输入内容为“123 456 789”,则输出“x=1 234,y=56 789”。系统自动将前 4 位数字“1 234”赋给 x,后续 5 位数字“56 789”赋给 y。如果输入内容为“12 345 678”呢?则输出“x=1 234, y=5 678”。很明显,不足的部分被忽略。那么如果输入“1 234 567 890”呢?输出的结果仍然是“x=1 234,y=56 789”,冗余的 0 被忽略了。

③ 如果在“%”后有一个“*”附加说明符,表示跳过指定的列数。

【例 3-38】 输入时使用“ * ”附加说明符跳过指定的列数。

```
#include<stdio.h>
int main()
{
    int n , m;
    scanf("%2d%*4d%3d",&n,&m);
    printf("a=%d,b=%d\n",n,m);
    return 0;
}
```

运行该程序时，从键盘输入“987 654 321”后，将前 2 位数字“98”赋给 n，跳过一个 4 位整数“7 654”，再将数字“321”赋给 m，所以输出结果为“a=98,b=321”。

【例 3-39】 输入数据时试图规定精度(错误范例)。

```
#include<stdio.h>
int main()
{
    float n;
    scanf("%5.4f",&n);    /*试图在输入时规定精度为4*/
    printf("n=%f\n",n);
    return 0;
}
```

程序运行时，从键盘输入“3.145 224 1”，输出结果为“n=0.000 000”。虽然程序可以编译，并且编译器并不提示编译错误，但从输出可以看出，输入无效。因此，对于这种情况，应该先进行浮点数输入，之后再进行适当的保留精度计算。

【例 3-40】 用“%c”格式输入特殊字符。

```
#include<stdio.h>
int main()
{
    char c1,c2,c3,c4;
    scanf("%c %c %c %c",&c1,&c2,&c3,&c4);
    printf("c1=%c,c2=%c,c3=%c,c4=%c\n",c1,c2,c3,c4);
    return 0;
}
```

若从键盘输入“ccsu”，程序则毫无悬念地输出“c1=c,c2=c,c3=s,c4 = u”；但是如果输入“<换行><空格><换行>c”，那么会产生什么结果呢？输出结果为

```
c1=
,c2= ,c3=
c4=c
```

说明空格和换行都能被正确输入。如果输入“<跳格>bc\t”，则输出结果为

```
c1=    ,c2=b,c3=c,c4 = \
```

很明显,跳格键被正确输入了,但是对于转义字符“\t”,只作为单个字符输入了“\”,丢失了“t”。

【例 3-41】 使用%u 输入(错误范例)。

```
#include<stdio.h>
int main()
{
    char c1,c2;
    scanf("%u %c",&c1,&c2);
    printf("c1=%c,c2=%c\n",c1,c2);
    return 0;
}
```

运行该程序时,输入“ab”,会输出无效内容,不同的机器会输出不同的内容,如“a=a,b=a”。

如果认为第一个字符'a'还是被正确输入了的话,试试输入“ba”,会发现输出结果还是“a=a,b=a”。因为使用%u 读取字符型或整型(无论是十进制、八进制还是十六进制)都是无效输入。

第3节 应用实践

1. analogReadSerial(读取模拟串口)

将电位计与 A0 相连,输入模拟数据,通过电位计的变化在串口监视器输出模拟数据,该段代码为 C 语言在 Arduino 中的应用。

```
void setup() {
  Serial.begin(9600);                    //初始化串行通信以每秒 9600 位
}

// loop 函数是循环函数
void loop() {

  int sensorValue = analogRead(A0);      //读取模拟输入端口 A0 口的值
  Serial.println(sensorValue);           //串口显示器输出
  delay(1);                              //延时
}
/* 此程序通过 analogRead 来从 A0 端口不断模拟输入的值,然后输出,在串口监视器中显示,每
   次显示用 delay 来停顿 */
```

analogReadSeria 电路图如图 3-1 所示。

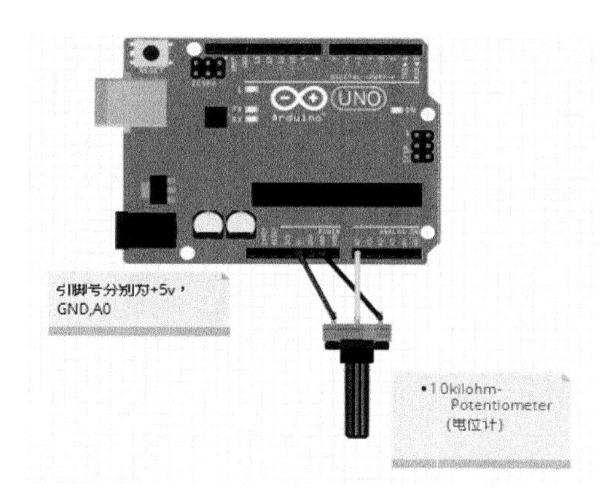

图 3-1　analogReadSeria 电路图

2. digitalReadSerial(读取数字串口)

将按钮与数字端口 2 相连，输入数字信号，通过 LED 的变化来反映按钮的变化。

```
int pushButton = 2;
int thisPin=4;
void setup() {
//初始化串行通信以每秒 9600 位
  Serial.begin(9600);
  pinMode(pushButton, INPUT);          //使 pushButton 引脚为输入
pinMode(thisPin, OUTPUT);
}

void loop() {
  //从引脚读入输入数据赋值给 buttonState
  int buttonState = digitalRead(pushButton);
if(buttonState==1){
      digitalWrite(thisPin,LOW);
}
else digitalWrite(thisPin,HIGH);

  delay(1);
}
/* 数字输入,digitalRead 函数用在引脚为输入的情况下,可以获取引脚的电压情况—HIGH(高电
   平)1 或 LOW(低电平)0,该函数返回值为 int 型,表示引脚的电压情况。最后以 LED 的亮灭形
   式输出 */
```

digitalReadSerial 电路图如图 3-2 所示。

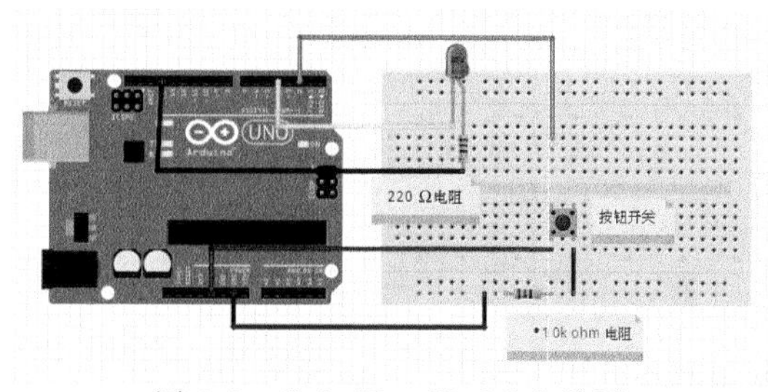

图 3-2　digitalReadSerial 电路图

第4章　循环与分支

第1节　范例导学

本节以范例为基础，在阅读代码的同时理解和掌握程序的语法规则并逐步学会应用。

【例4-1】 循环，do…while。

编写100以内偶数之和的程序。

【程序例】

```
#include <stdio.h>
int main()
{
    int i, n, sum;
    n = 2;
    sum = 0;
    do
    {
        sum += n;                    /*求和*/
        n += 2;                      /*变量a的值加二使变量一直为偶数*/
    }while(n<= 100);                 /*判断n是否小于等于100*/
    for(i = 2;i < 100;i += 2)printf("%d + ", i);
    printf("%d = %d\n", i, sum);
    return 0;
}
```

【结果】

```
2 + 4 + 6 + 8 + 10 + 12 + 14 + 16 + 18 + 20 + 22 + 24 + 26 + 28 + 30 + 32 + 34 +
36 + 38 + 40 + 42 + 44 + 46 + 48 + 50 + 52 + 54 + 56 + 58 + 60 + 62 + 64 + 66 +
68 + 70 + 72 + 74 + 76 + 78 + 80 + 82 + 84 + 86 + 88 + 90 + 92 + 94 + 96 + 98 +
100 = 2550
```

【说明】

① do…while 循环的形式为

do{处理语句}while(条件表达式);

do…while 循环体至少执行一次。

② 变量 n(偶数变量)初始化为 2,sum(保存结果)初始化为 0。

```
do
{
                        /* 循环次数      1   2   3  …   50 */
  sum += n;             /* sum 的值      2   6   12 …   2550 */
   n += 2;              /* n 的值        4   6   8  …   100 */
}while(n <= 100); /* 满足 n > 100 时循环结束,n <=100 则继续循环 */
```

【例 4-2】 $2+4+6+\cdots+n\leqslant 1\,000$。

编写满足 $2+4+6+\cdots+n\leqslant 1\,000$ 中最大的 n 并求其和的程序。

【程序例】

```
#include <stdio.h>
int main()
{
    int i, n, sum;
    n = 2;
    sum = 0;
    do
    {
        sum += n;                 /* 求和 */
        n += 2;                   /* 变量 a 的值加 2 使变量一直为偶数 */
    }while(sum <= 1000);          /* 判断 sum */
    printf("n = %d , sum = %d\n", n - 2, sum - n);
    return 0;
}
```

【结果】

```
n = 64 , sum = 990
```

【说明】

① 生成偶数从 2 开始每次递增 2,当总和小于等于 1 000 时继续循环直到总和大于 1 000。

② 变量 n(偶数变量)初始化为 2,sum(总和)初始化为 0。

```
do
{
  sum += n;                 /* sum 一直求和 */
   n += 2;                  /* n 每次递增 2 */
}while(sum <= 1000);        /* 满足 sum > 1000 时循环结束,sum <=1000 则继续循环 */
```

③ 当 $n=64$ 时,sum=990,这时 sum<1 000,循环继续进行;当 $n=66$ 时,sum=1 056,sum > 1 000 循环结束。但这时 sum = 1 056 大于 1 000,因而应从 n 中减 2 求出所要求的 n,sum − n 为此时的和。

【例 4-3】 for 循环。

编写输出 1～10 的所有自然数的程序。

【程序例】

```
#include <stdio.h>
int main()
{
    int i;
    for(i = 1;i <= 10;i ++ )          /* for 循环 */
    {
        printf("%d ", i);             /* 输出 i */
    }
    return 0;
}
```

【结果】

```
1 2 3 4 5 6 7 8 9 10
```

【说明】

for 循环的一般形式为

for(表达式 1;表达式 2;表达式 3)语句;

其中,表达式 1 为初值,表达式 2 是循环测试条件,表达式 3 用于修改循环变量值。

本例中:

```
for(i = 1;i <= 10;i ++ )
```

i 的初值取 1,输出“1 ”。执行“i++”,*i* 为 2,“i <=10”条件仍然成立,输出“2 ”;执行“i++”,*i* 为 3;…;如此循环下去,当 *i* > 10 时跳出循环。

【例 4-4】 for 循环。

编写程序显示初值为 10,每次减 1 输出当前值,直到当前值小于 0 的程序。

【程序例】

```
#include <stdio.h>
int main()
{
    int i;
    for(i = 10;i >= 0;i -- )          /* for 循环 */
    {
        printf("%d ", i);             /* 输出 i */
    }
    return 0;
}
```

【结果】

```
10 9 8 7 6 5 4 3 2 1 0
```

【说明】

```
for(i = 10;i >= 0;i -- )
```

i 的初值取 10,输出“10 ”。执行“i--”,i 为 9,“i >= 0”条件仍然成立,输出“9 ”;执行“i--”,i 为 8;…;如此循环下去;当 $i = 0$ 时,仍满足“$i >= 0$”,输出为“0”;当 $i = -1$ 时,因为$-1 < 0$,条件不成立,跳出循环。

【例 4-5】 不等于零条件的循环。

编写显示 10,9,8,7,6,5,4,3,2,1 的程序。

【程序例】

```
#include <stdio.h>
int main()
{
    int i;
    for(i = 10;i;i -- )          /* for 循环 */
    {
        printf("%d ", i);        /* 输出 i */
    }
    return 0;
}
```

【结果】

```
10 9 8 7 6 5 4 3 2 1
```

【说明】

程序中的第 5 行:

```
for(i = 10;i;i -- )
```

i 取值为 10,9,8,7,6,5,4,3,2,1,当 $i=0$ 时终止循环。

这里的表达式 2:“i”等价于“i!= 0”。

【例 4-6】 循环体内的复合语句。

编写求 $1+2+3+4+5$ 和 $1\times2\times3\times4\times5$ 的程序。

【程序例】

```
#include <stdio.h>
int main()
{
    int sum_add, sum_mul, i;
    sum_add = 0;
    sum_mul = 1;
```

```
    for(i = 1;i <= 5;i ++ )
    {
        sum_add += i;               //累加
        sum_mul *= i;               //累乘
    }
    printf("sum_add = %d, sum_mul = %d\n", sum_add, sum_mul);
    return 0;
}
```

【结果】

```
sum_add = 15, sum_mul = 120
```

【说明】

① 在 for 循环中有多个处理时，用花括号将处理语句括起来。

② sum_add 是累加和，sum_mul 是累乘积。

【例 4-7】 while 循环。

编写求 1+2+3+…+ 100 之和的程序。

【程序例】

```
#include <stdio.h>
int main()
{
    int i, sum;
    sum = 0;
    i = 1;
    while(i <= 100)             //循环判断条件
    {
        sum += i;               //累加
        i ++ ;
    }
    printf("sum = %d\n", sum);
    return 0;
}
```

【结果】

```
sum = 5050
```

【说明】

① while 循环的形式为

while(条件){语句 1;语句 2;…};

循环开始时先进行条件判断，当条件不成立时不进行任何处理。

② 本例循环图示如下。

/* 循环次数　　1　2　3　…　50 */

```
sum += i;          /* sum 的值    1  3  6  …  5050 */
i ++;              /* i 的值      2  3  4  …  51 */
```

【例 4-8】 跳出 for 循环。

求 $1\times2\times3\times\cdots\times n\leqslant 1\,000$ 的 n 最大值及其积值。

【程序例】

```
#include <stdio.h>
int main()
{
    int i, sum;
    sum = 1;
    for(i = 1;i < 100;i ++ )
    {
        sum *= i;              //累乘
        if(sum >= 1000)break; //判断 sum 是否大于等于 1000,如果是就跳出循环,否则继续循环
    }
    printf("n = %d, sum = %d\n", i - 1, sum /= i);
    return 0;
}
```

【结果】

```
n = 6, sum = 720
```

【说明】

① 在 for 循环中设置“if(条件)break”,当条件成立时,终止循环。本例中“if(sum > 1000) break”表示 sum 的值超过 1 000 时跳出循环。

② 注意区别:“for(初值;条件;修改循环变量值)”中的条件是循环测试条件,条件不成立时,循环结束;而“if(条件) break”是条件成立时跳出循环。

【例 4-9】 相等条件跳出循环。

编写 64 一直除以 2 直到值为 0 时,输出模的次数 n。

【程序例】

```
#include <stdio.h>
int main()
{
    int i ,a;
    a = 64;
    for(i = 1;i <= 100;i ++ )
    {
        a /= 2;
        if(a == 0)break;      //判断 a 和 0 是否相等
    }
```

```
        printf("n = %d\n", i);
        return 0;
    }
```

【结果】

```
n = 7
```

【说明】

```
if(a == 0)break;
```

本例程序中 a 取初值 64,每循环一次除以 2,直到 a 值为 0。两个等于号表示判断左边与右边是否相等。

【例 4-10】 goto 语句。

编写程序 1×2×3×…×n,当累乘积大于 1 000 时把值输出。

【程序例】

```
#include <stdio.h>
int main()
{
    int i ,sum;
    sum = 1;
    for(i = 1;i <= 100;i ++ )
    {
        sum *= i;
        if(sum > 1000)goto out;        //跳转到 out
    }
    out:printf("%d\n", sum);
    return 0;
}
```

【结果】

```
5040
```

【说明】

goto 语句也称为无条件转移语句,其一般格式为" goto 语句标号;"。其中,语句标号是按标识符规定书写的符号,放在某一语句行的前面,语句标号后加冒号(:)。语句标号起标识语句的作用,与 goto 语句配合使用。

但是,在结构化程序设计中一般不主张使用 goto 语句,以免造成程序流程的混乱,使理解和调试程序都产生困难。

【例 4-11】 if 语句。

编写判断 7 和 8 的大小的程序。

【程序例】

```
#include <stdio.h>
```

```
int main()
{
    int a = 7, b = 8;
    if(a < b)printf("%d < %d\n", a, b);
    if(a> b)printf("%d > %d\n", a, b);
    if(a== b)printf("%d = %d\n", a,b);
    return 0;
}
```

【结果】

```
7 < 8
```

【说明】

if 语句是条件分支语句,其格式为

if(条件表达式)　语句;

当处理内容较多时采用的格式为

if(条件表达式)　{语句;语句;…}

【例 4-12】　以"!="为条件的分支。

编写输出 1～10 以内的偶数的程序。

【程序例】

```
#include <stdio.h>
int main()
{
    int i;
    for(i = 1;i <= 10;i ++ )
    {
        if(i % 2 != 1)
        {
            printf("%d ", i);
        }
    }
}
```

【结果】

```
2 4 6 8 10
```

【说明】

① 本程序中使用"!="为条件进行分支。

"if(i%2 !=1)"表示 i 除以 2 的余数不为 1 的条件表达式。"!="表示不等于,不能使用"<>"或"><"符号表示不等于。

② 其他条件表达式还可以用>(大于)、>=(大于等于)、==(等于)、<=(小于等于)、

<(小于)等。

【例 4-13】 if…else 语句。

缩写判断 7 和 8 的大小关系的程序。

【程序例】

```
#include <stdio.h>
int main()
{
    int a = 7, b = 8;
    if(a < b)printf("%d < %d\n", a, b);
    else printf("%d >= %d\n", a, b);
    return 0;
}
```

【结果】

```
7 < 8
```

【说明】

① if…else 程序的执行流程为:当条件成立时执行语句 1,当条件不成立时执行语句 2。

② 本例中的条件表达式为“a < b”,当条件成立时,执行第 5 行,显示“a< b”;否则执行第 6 行,显示“a>=b”。

【例 4-14】 分支。

两组数 8,7 和 5,6,若 $a \geqslant b$ 时,求其和 c 并显示;若 $a<b$ 时,求其差并显示。

【程序例】

```
#include <stdio.h>
int main()
{
    int a = 8, b = 7, c = 5, d = 6, t;
    if(a >= b)
    {
        t = a + b;                //相加
        printf("%d >= %d, %d + %d = %d\n", a, b, a, b, t);
    }
    else
    {
        t = a - b;                //相减
        printf("%d < %d, %d - %d = %d\n", a, b, a, b, t);
    }

    if(c >= d)
    {
        t = c + d;                //相加
        printf("%d >= %d, %d + %d = %d\n", c, d, c, d, t);
    }
    else
```

```
    {
        t = c - d;                //相减
        printf("%d < %d, %d - %d = %d\n", c, d, c, d, t);
    }

    return 0;
}
```

【结果】

```
8 >= 7, 8 + 7 = 15
5 < 6, 5 - 6 = -1
```

【说明】

在"if(条件表达式)…else"语句中，若语句比较多时，语句要用花括号括起来。例如：

```
if(条件表达式){语句 1;语句 2;…}
else {语句 3;语句 4;…}
```

【例 4-15】 if 语句的嵌套。

编写输入成绩并判定成绩是优秀、良好、及格还是不及格的程序。

【程序例】

```
#include <stdio.h>
int main()
{
    int a;
    while(~scanf("%d", &a))            //判断是否还有输入
    {
        if(a >= 60)
        {
            if(a >= 80)
            {
                if(a >= 90)
                {
                    printf("%d 优秀\n", a);
                }
                else printf("%d 良好\n", a);
            }
            else printf("%d 及格\n", a);
        }
        else printf("%d 不及格\n", a);
    }
    return 0;
}
```

【结果】

```
60 ↙
60 及格
59 ↙
59 不及格
100 ↙
100 优秀
```

【说明】

在“if(条件表达式)处理 1;else 处理 2;”的语句格式中,处理 1 可再用 if…else 语句,处理 2 也同样可再用 if 语句,从而形成嵌套形式。这种形式可实现多重嵌套,但当层次较多时,会不便于阅读和理解,可使用后述的开关语句。

【例 4-16】 多路分支(开关语句)。

输入一个字符,若字符为'a'时,显示从洪山到图书馆;若字符为'b'时,显示从维智到图书馆;若字符为'c'时,显示从汇泽到图书馆;若字符为'd'时,显示从弘昱到图书馆;若字符为其他字符时,仅显示图书馆。

【程序例】

```
#include <stdio.h>
int main()
{
    char a;
    scanf("%c",&a);
    switch(a)
    {
        case 'a':
            printf("洪山\n");
        case 'b':
            printf("维智\n");
        case 'c':
            printf("汇泽\n");
        case 'd':
            printf("弘昱\n");
        default:
            printf("图书馆\n");
    }
return 0;
}
```

【结果】

```
a ↙
洪山
维智
```

```
汇泽
弘昱
图书馆

b↙
维智
汇泽
弘昱
图书馆

c↙
汇泽
弘昱
图书馆

d↙
弘昱
图书馆

e↙
图书馆
```

【说明】

本程序多路分支的一般形式为

```
switch(变量){
    case a:  //变量取 a 时,进行处理 1,处理 2,处理 3,…,处理 n 的操作
      处理 1;
    case b:  //变量取 b 时,进行处理 2,处理 3,处理 4,…,处理 n 的操作
      处理 2;
    case c:  //变量取 c 时,进行处理 3,处理 4,处理 5,…,处理 n 的操作
      处理 3;
    ……
    default:     //变量取 a,b,c,…以外的字符时,仅进行处理 n 的操作
      处理 n
}
```

【例 4-17】 switch…case 和 break 语句。

输入一个字符,'a'显示洪山,'b'显示维智,'c'显示汇泽,'d'显示弘昱,其他字符显示图书馆。

【程序例】

```
#include <stdio.h>
int main()
{
```

```
    char a;
    scanf("%c",&a);
    switch(a)                  //变量为字符
    {
        case 'a':              //变量为字符'a'
            printf("洪山\n");break;
        case 'b':
            printf("维智\n");break;
        case 'c':
            printf("汇泽\n");break;
        case 'd':
            printf("弘昱\n");break;
        default:
            printf("图书馆\n");
    }
    return 0;
}
```

【结果】

```
a↙
洪山

b↙
维智

c↙
汇泽

e↙
图书馆
```

【说明】

本例与上例的不同之处在于，在 case 的处理后加有 break 语句。break 语句称为终止语句，其作用是在处理结束后跳出 switch…case 语句。

【例 4-18】 变量为常数序列时的多路分支。

输入不同的数字代表不用的操作，当变量为 1 时输出“登录”，当变量为 2 时输出“注册”，当变量为 3 时输出“退出”，除此之外输出“输入有误”。

【程序例】

```
#include <stdio.h>
int main()
{
    int a;
    while(~scanf("%d", &a))
```

```
    {
        switch(a)                               //变量为数字
        {
            case 1:printf("登录\n");break;       //变量为数字 1
            case 2:printf("注册\n");break;       //变量为数字 2
            case 3:printf("退出\n");break;       //变量为数字 3
            default:printf("输入有误\n");
        }
    }
    return 0;
}
```

【结果】

```
1↙
登录
2↙
注册
3↙
退出
4↙
输入有误
```

【说明】

① 当变量取常数时方法与上例相同。

② case 数值:可在 case 后直接写上数值。

第 2 节　知识详解

在前面的章节中,我们已经阅读了大量的 C 语句。C 语句类似于我们日常生活中描述事物的句子,是 C 程序中逻辑描述的一个单位。在 C 语言中,语句都由分号来表示结束。C 语言中一般有两种语句:简单语句和复合语句。简单语句只有一条用来描述简单逻辑的语句,而复合语句由一组语句组成,可用于描述复杂的逻辑关系。这里需要特别说明的是,在没有复合语句进行逻辑控制的情况下,语句都是按照从前往后的顺序执行的。但是,仅有顺序执行对于复杂问题的描述是远远不够的,为此,C 语言定义了一组流程控制语句描述分支和循环的复杂逻辑情况。这里,我们先从简单语句说起。

1. 简单语句

在 C 语言中,最简单的语句应当是空语句(null statement),它是简单语句的一种特殊形式。空语句没有任何表达式,其基本形式为

```
;            //这是一个空语句
```

空语句没有任何语法执行结构,只有一个分号。只有在语法结构上需要一个语句,而逻辑

上却什么也不需要做的时候才会使用空语句。因此，使用空语句的时候应该加以注释来说明其功能。不少程序员喜欢用“do nothing”来注释它。例如：

```
for(int i=1;i<10;i++);                //do nothing
```

以上的循环语句让空语句循环执行了 10 次，但是因为空语句什么也没做，循环执行再多次也没有任何效果。

比空语句稍微复杂一点的是表达式语句(expression statement)。表达式语句通常用于一般计算、赋值和输入、输出等常用功能。例如，下面的程序就是由 4 个表达式语句构成的。

```
#include <stdio.h>
int main()
{
    int a;                    //定义变量 a 为一个整型变量
    scanf("%d", &a);          //输入 a 的值
    a+=5;                     //将 a 的值增加 5
    printf("%d\n", a);        //将 a 的值输出
}
```

4 个分号分别描述了 4 个不同的表达式语句。如果输入给 *a* 的值是 6 的话，那么输出的结果将会是 11。

需要注意的是，有些表达式语句可能在语法上正确，但是却没有任何逻辑意义。例如，将上面程序的第 6 行改为“a+5;”，这个语句在语法上是正确的，它的作用是将 *a* 的值加上 5；但是，也就仅此而已，这个语句并没有将 *a* 加 5 之后的值赋给 *a*，也没有使用这个计算结果，甚至可以认为 *a* 加 5 之后的结果“丢失”了。下面是这种情况的完整示例。

```
#include <stdio.h>
int main()
{
    int a;                    //定义变量 a 为一个整型变量
    scanf("%d", &a);          //输入 a 的值
    a+5;                      //将 a 的值加 5,但 a+5 的结果丢失
    printf("%d\n", a);        //将 a 的值输出
}
```

因此，对于上面的程序，如果输入 *a* 的值为 6 的话，输出结果仍然是 6，什么都没改变。因为第 3 个表达式语句虽然在语法上正确，但是却没有任何逻辑意义。

2. 复合语句

复合语句也称为语句块，是一组使用花括号组织起来的语句(有些情况下也可以是空的)。复合语句的花括号标识了一个作用域。通常，在一个作用域中定义的变量只能在所定义的范围(包括同一层及其下的层次)内访问。这里的访问就是读取和写入的意思。例如：

```
#include <stdio.h>
int main()
{
```

```
    int a=5;                         //定义变量 a 的值为 5
    {                                //定义一个复合语句,同时也定义了一个作用域
        int b=10;                    //在作用域中定义变量 b
        printf("%d %d\n", a, b);//在复合语句中输出当前作用域内定义的变量 b 和上一层定
                                     //义的变量 a
    }                                //标识复合语句的结束,同时标识作用域的结束
    printf("%d\n", a);               //输出同一层定义的变量 a
    return 0;
}
```

在第 5 行定义了一个复合语句,也就是定义了一个作用域。在这个作用域中定义的变量 b 只能在该作用域中访问,于是我们看到第 7 行的输出语句访问(读取)了变量 b 的值。在这个例子中间还存在着另外一个作用域,那就是在程序第 3 行和程序最后一行定义的作用域。在这个作用域中,定义了另外一个变量 a。这个变量明显符合我们对于作用域的表述,在所定义的作用域中(第 9 行)和所定义的作用域之下(第 7 行)可以正常访问。

需要注意的是,第 6 行定义的变量 b,并不在第 3 行定义的作用域中,不能在这个作用域中被访问。也就是说,如果在第 9 行输出的是 b,程序将提示编译出错。例如:

```
#include <stdio.h>
int main()
{
    int a=5;                         //定义变量 a 的值为 5
    {                                //定义一个复合语句块,同时也定义了一个作用域
        int b=10;                    //在作用域中定义变量 b
        printf("%d %d\n", a, b);     //在复合语句中输出当前作用域内定义的变量 b 和上
                                     //一层定义的变量 a
    }                                //标识复合语句的结束,同时标识作用域的结束
    printf("%d\n", b);               //尝试输出在上一层定义的变量 b
    return 0;
}
```

```
error: 'b' undeclared (first use in this function)
error: (Each undeclared identifier is reported only once
error: for each function it appears in.)
```

这里的提示信息的意思是 b 未声明,并解释说,每个未声明的标识符在每个函数中只报告一次。也就是说,b 对于当前作用域来说是未定义的。

与空语句类似,语法上也允许空复合语句(空语句块)的存在。对于前面的空语句例子:

```
int i;
for( i=1;i<10;i++);                  //do nothing
```

相应空复合语句的版本为

```
int i;
```

```
for(i=1;i<10;i++)
{ }                    //空复合语句,do nothing
```

因为空语句往往容易被程序阅读者忽略,我们建议在将空复合语句写入代码时要加上必要的注释,以帮助阅读程序的人理解程序的逻辑。

4.1 if 语句的用法

if 语句根据括号中特定表达式的值来判断程序的走向。它一般有两种形式,一种是只有 if 的判断形式,形式为

```
if(条件表达式) 语句
```

这里的语句既可以是简单语句(甚至是空语句),也可以是复合语句。

例如,使用简单语句的 if 语句是这样的:

```
if(score>=60) printf("恭喜,您及格了!");    //当表达式的值为 true 时,执行之后的语句,否
                                          //则跳过 if 之后的语句或语句块
```

当然,也可以使用复合语句,使用复合语句的 if 语句是这样的:

```
if(a>10)                    //条件判断
{                           //复合语句(语句块)
    a+=b;
    printf("%d", a);
}
```

在这个例子里,当条件得到满足(也就是 $a>10$ 成立)时,程序做了不止一件事,即 $a=a+b$ 及输出 a 的值。

在这里,我们需要特别指出,程序编写水平的高低并非代码的长短可以描述的,可读性是衡量一个程序好坏的十分重要的指标。毕竟程序是写给程序员(人)看的,计算机阅读的是经过编译后的二进制代码,而用户关心的是程序的功能和效率;所以,作为写给自己和同行阅读、交流的源程序,还是尽可能清晰为好。

4.2 if…else 的用法

if 语句的第 2 种形式通常被称为 if…else 形式,这是在 if 进行判断的前提下为程序提供两个分支。其一般的形式为

```
if(表达式)语句 1;           //表达式条件为 true 时,执行语句 1
else 语句 2;                //表达式条件为 false 时,执行语句 2
```

例如:

```
if(score>=60) printf("恭喜,您及格了!");
else printf("很遗憾,请做好重修准备!");
```

这个例子比较清晰，当"score>=60"为"真"时，程序会转向执行第 1 个分支语句"printf("恭喜，您及格了!");"；而当条件为"假"时，则转向执行第 2 个分支语句"printf("很遗憾，请做好重修准备!");"。这个语句的执行流程图如图 4-1 所示。

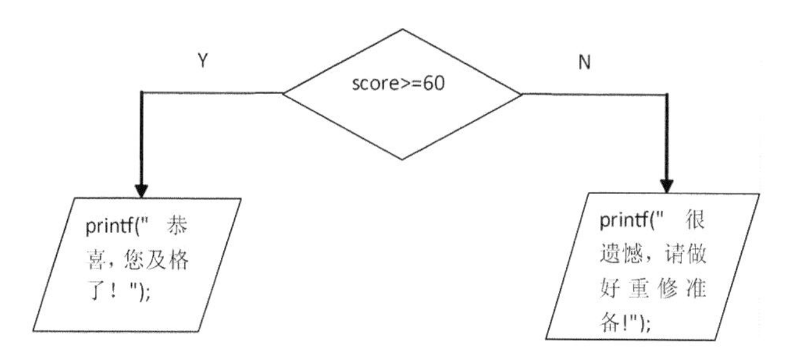

图 4-1　程序执行流程图

if 语句和条件运算符描述的语句有异曲同工之妙。上面的代码也可以描述为

```
score>=60? printf("恭喜，您及格了!")：printf("很遗憾，请做好重修准备!");
```

一般而言，我们使用条件表达式描述比较简短的逻辑分支，对于要使用多个语句的逻辑分支描述，还是使用 if…else 语句比较好。

这里需要注意的是，在 if 条件之后的语句往往需要认清哪些才是 if 语句的组成部分。因此，良好的编程风格和正确的缩进格式是十分必要的。例如：

```
int a=5,b=10;
if(a>10)
    a=a+b;
b=b-a;                          //此句不属于 if 的组成部分
```

在这个例子中，第 3 行的语句"a=a+b;"是 if 语句的一部分，但之后的"b=b-a;"则不是。也就是说，"b=b-a;"的执行并不考虑 a 是否大于 10 这个因素。在这个例子中，如果 a 不大于 10，不执行"a=a+b;"，最终，a 的值仍然是 5，b 的值不受 if 语句的影响，因此，语句"b=b-a;"必定会执行(顺序执行)。最终，b 的值也是 5($b-a$ 得到的)。

其实，为了清晰地描述这种逻辑关系，我们有时也添加一些花括号进行逻辑边界的描述。例如，上面的例子就可以表示为

```
int a=5,b=10;
if(a>10){                       //增加的括号
    a=a+b;
}                               //用于描述逻辑关系
b=b-a;
```

这段程序的运行结果与前面的那一段完全相同，只是增加的花括号将逻辑关系描述得更加清晰了。那么，下面这段程序的运行结果应该是多少呢？

```
#include <stdio.h>
int main()
{
```

```
        int a=5,b=10;
        if(a>10)
        {
            //这一段因为条件不满足,其实都不会被执行
            a=a+b;
            b=b-a;
        }
        printf("%d %d\n", a, b);
        return 0;
    }
```

答案是

```
    5      10
```

因为 a 不大于 10,所以 if 分支中的复合语句中的代码全部都不执行,因此,a 和 b 的值按照定义时给定的值进行输出,根本没有变化。

4.3 if…else 的嵌套

在很多时候,只进行一次分支就把问题描述清楚是不太可能的。就描述成绩而言,我们除了描述及格与否,还看重是否优秀,于是我们通常要在及格的前提下进行进一步的判断。例如:

```
#include <stdio.h>
int main()
{
    unsigned score;                           //定义无符号整型变量
    scanf("%u", &score);                      //输入 score
    if(score<60)
    {
        printf("很遗憾,请做好重修准备!");
    }
    else
    {
        if(score>=85) printf("您的确十分优秀!");
        else printf("恭喜,您及格了!");
    }
    return 0;
}
```

4.4 else if 的用法

以上程序确实可以达到我们编程的目标,但是大量花括号的使用就略显累赘。我们通常

使用另外一种类似的结构来描述这种场景，那就是 else if。else if 通常的用法为

```
if(表达式 1) 语句 1
else if(表达式 2) 语句 2
else if(表达式 3) 语句 3
……
else if(表达式 n) 语句 n
else 语句 m
```

于是，上面的例子就会改为

```
#include <stdio.h>
int main()
{
    unsigned score;                          //定义无符号整型变量
    scanf("%u", &score);                     //输入 score
    if(score<60)
    {
        printf("很遗憾，请做好重修准备！");
    }
    else if(score>=85) printf("您的确十分优秀！");
        else printf("恭喜，您及格了！");
    return 0;
}
```

很明显，在实现同样功能的情况下，这个代码简练了许多。

4.5　悬　垂　else

在 if…else 嵌套和多个 if 语句出现在同一个语句块中时，我们会发现一个在语义上存在二义性的情况，那就是悬垂 else(dangling else)。这往往是两个或多个 if 之后的 else 不知道应该和哪个 if 进行匹配而造成的。例如：

```
#include <stdio.h>
int main()
{
    int score;
    scanf("%d", &score);

    if(score<60) printf("您不及格！");
    if(score>80) printf("您很优秀！");
    else printf("这是怎么搞的？");
    return 0;
}
```

这个程序中，如果 else 与第 1 个 if 语句匹配，那么当第 1 个 if 语句条件不成立时，执行

else 中的输出；如果 else 与第 2 个 if 语句匹配，则当第 2 个 if 语句条件不满足时，else 中的语句被执行。我们试一下，当输入“90”时，程序输出“您很优秀”，但当我们输入“40”时，程序输出为“您不及格！这是怎么搞的?”。由此可以看出，这个程序中的 else 是与第 2 个 if 语句相匹配的。也就是说，else 与最近的一个未配对的 if 语句相匹配。

4.6 switch 语句

if 语句常被用来处理非此即彼的双分支问题，但问题的分支超过两个的时候，if 语句就要用嵌套来实现了，这样显然过于啰嗦。于是，在 C 语言的语法体系中还提供了一种更加方便的多分支描述方法，这就是 switch 语句。有时，我们也称它为 switch…case 语句。switch 语句的基本形式为

```
switch ()
{
  case:
  ......
}
```

在这个结构里，我们使用多个 case 语句描述多个逻辑分支。例如：

```
#include <stdio.h>
int main()
{
    float score;
    scanf("%f", &score);
    switch( (int)(score/10))
    {
    case 10:
        printf("太棒了，您得了满分！");
        break;
    case 9:
        printf("还不错");
        break;
    case 8:
        printf("还不错");
        break;
    case 7:
        printf("算是及格了吧！");
        break;
    case 6:
        printf("算是及格了吧！");
        break;
    case 5:
```

```
            printf("对不起,您不及格了!");
            break;
        case 4:
            printf("对不起,您不及格了!");
            break;
        case 3:
            printf("对不起,您不及格了!");
            break;
        case 2:
            printf("对不起,您不及格了!");
            break;
        case 1:
            printf("对不起,您不及格了!");
            break;
        case 0:
            printf("对不起,您不及格了!");
            break;
        default:
            printf("成绩输入有误,请重新输入!");
        }
    return 0;
    }
```

在这个例子中,我们将取得的 score 除以整数 10 并取整,然后在后面的 case 语句中匹配可能发生的情况并分别给出评语。这样我们就在一个不长的程序里描述了多分支的逻辑情况。

此外,这段代码中几乎每一句之后,都增加了一个 break 语句。break 语句的主要作用是将每个分支打断,防止在输出一个分支后接着执行下一个分支的内容,并将程序跳转到 switch 语句末尾的位置。也可以说执行 break 语句之后,switch 语句就结束了。假设“case 8”分支之后没有 break 语句,那么程序将会继续执行“case 7”的输出语句。也就是说,如果这时成绩刚好是八十多分,屏幕上将会出现“还不错算是及格了!”的结果,这和我们分情况讨论的初衷并不一致。

当然,如果我们需要也可以利用 switch 语句的这个特点来简化我们的程序。例如:

```
#include <stdio.h>
int main()
{
    float score;
    scanf("%f", &score);
    switch( (int)(score/10))
    {
        case 10:
                printf("太棒了,您得了满分!");
```

```
                break;
            case 9:
            case 8:
                printf("还不错");
                break;
            case 7:
            case 6:
                printf("算是及格了吧!");
                break;
            case 5:
            case 4:
            case 3:
            case 2:
            case 1:
            case 0:
                printf("对不起,您不及格了!");
                break;
        }
    return 0;
}
```

注意程序的第11,15行及19～23行的部分,这里我们并没有作任何的输出,但是我们将程序运行过后就会发现,结果和前一个程序完全一样。因为虽然这些行没有输出内容,但是也没有break语句,因此,程序将会往下执行,直到遇到break语句为止。

刚才的程序中还有一点没有提到的是default语句,这个语句的主要功能是处理前面的case语句没有处理的情况。当然,严格来说,程序这样处理是远远不够的,因为100<score<110的任意一个分数都会进入case 10的分支,这明显不正确。因此,结合我们刚刚学过的if语句,正确的程序应该是

```
#include <stdio.h>
int main()
{
    float score;
    scanf("%f", &score);
    if (score>100||score<0)
    {
        printf("成绩输入有误,请重新输入!");
    }
    else
    {
        switch( (int)(score/10))
        {
            case 10:
```

```
                printf("太棒了,您得了满分!");
                break;
            case 9:
            case 8:
                printf("还不错");
                break;
            case 7:
            case 6:
                printf("算是及格了吧!");
                break;
            case 5:
            case 4:
            case 3:
            case 2:
            case 1:
            case 0:
                printf("对不起,您不及格了!");
                break;
        }
    }
    return 0;
}
```

4.7 for 循环

前面说到的语法结构称为分支,可以简单地理解为在多个选择中选择一个(switch…case分支结构)或者在两个选择中选择一个(if分支结构)。在这一节中,我们要讨论的结构与前面的不同,这里的结构称为循环。循环的特点是重复性,在满足循环条件的情况下,循环内容将周而复始地执行。C语言中的循环包括3种:for循环、while循环和do…while循环。下面我们就这3种循环结构的用法进行详细说明。

for循环的基本形式为

```
for(循环初始条件;循环判断条件;循环改变条件)
{
    循环体(语句块)
}
```

在for循环中有3个循环条件,分别称为循环初始条件、循环判断条件和循环改变条件。循环初始条件一般用于描述循环开始前循环必须满足的条件。循环判断条件用来判断循环是否继续进行下去。这里通常使用一个逻辑判断语句来判断循环是否继续执行。当这个条件得到满足,循环就执行下去;当这个条件不能满足时,循环就结束。第3个条件被称为循环改变条件。这个条件的初始值往往从循环初始条件开始,逐步向循环判断条件不能满足的条件边界改变，当条件不能满足时，循环就被终止。例如：

```
#include <stdio.h>
int main()
{
    for(int counter= 0; counter< 10; counter++)        //counter 计数器
        printf("当前计数器的值是：%d\n", counter);
    return 0;
}
```

在本例中，循环初始条件“int counter=0”定义了一个变量 counter，其初始值为 0，即从 0 开始进行循环。在第 3 个条件中，也就是循环改变条件中，“counter++”语句逐一增加 counter 的值。当 counter 的值满足循环判断条件“counter<10”时（为 true），循环继续执行；而当循环判断条件为“假”(false)时，循环结束，转而执行 for 循环后面的语句。

4.7.1 循环次数

```
#include <stdio.h>
int main()
{
    int count=0, i;
    for(i= 1; i<= 10; i++)
        count++;
    printf("循环次数为：%d\n", count);
}
```

执行这个程序我们将看到输出的结果是 10，而当我们将循环判断条件中的小于等于号改成小于号时，程序的执行结果将会变成 9。

4.7.2 取值范围

下面一段程序是求前 10 个自然数的和并打印出结果。

```
#include <stdio.h>
int main()
{
    unsigned int i,sum=0;
    for(i=9;i>=0;i--)
        sum+=i;
    printf("%d\n",sum);
    return 0;
}
```

执行上面这个程序，我们会发现程序没有任何的输出，并且光标一直闪动，说明程序进入了死循环。因为循环变量 *i* 被定义为 unsigned int(无符号整型)，而 unsigned int 这个类型声明的变量永远不会小于 0(负数)，所以这个循环的条件一直满足，从而造成了死循环。

4.7.3　条件省略

前面提到,在 for 循环中有 3 个循环条件,我们分别称为循环初始条件、循环判断条件和循环改变条件。这 3 个条件并不是必需的,如在循环开始之前循环变量就已经初始化了,那么在 for 循环的循环头中就可以省略循环初始条件。例如:

```
#include <stdio.h>
int main()
{
    int i=1;
    for (; i<=10; i++)
    {
        printf("%d\n", i);
    }
    return 0;
}
```

而如果省略循环判断条件或者循环改变条件的话,就得在循环体中加上使循环结束或者跳出循环的语句,否则循环将一直继续下去。例如:

```
#include <stdio.h>
int main()
{
    int i=1;
    for (; ; )
    {
        printf("%d\n", i);
    }
    return 0;
}
```

这个例子就是一个不会结束的程序,它将无限循环下去。

4.8　while　循　环

while 循环的标准形式为

```
while(判断条件){
    循环体(语句块)
}
```

和 for 循环的第 2 个条件为“真”时一样,当 while 循环的判断条件为“真”时,循环体将被反复执行。例如:

```
#include <stdio.h>
int main()
```

```
{
    int counter=0;                  // counter 初始化
    while (counter<10)              // 循环继续条件为 counter < 10
    {
        printf("%d\n", counter);
        counter++;
    }
    printf("%d\n", counter);
    return 0;
}
```

在大多数情况下，while 循环和 for 循环之间可以相互替代。通常情况下，for 循环描述的循环初始条件往往在 while 循环之前给出，for 循环的第 3 个条件，也就是循环改变条件，往往可以描述在 while 循环的循环体中。例如：

```
for(int i=0;i<10;i++)
{
循环体;
}
```

如果使用 while 循环可以写成这样：

```
int i=0;
while(i<10){
    循环体;
    i++;
}
```

4.9 do…while 循环

do…while 循环的语法格式为

```
do
{
    循环体
}while(判断条件);          //注意这里有分号
```

do…while 循环跟 while 循环相似，只不过 do…while 循环会先执行循环体然后再判断是否结束循环。例如：

```
#include <stdio.h>
int main()
{
    float score, sum=0;
    int n=0;
    do{
```

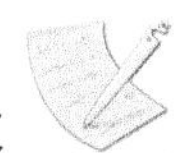

```
        printf("请输入学生成绩:\n");
        scanf("%f", &score);
        sum+=score;                          //总分数
        ++n;                                 // 学生人数
    }
    while(score>=0 && score<=100);           //分号不能少
    printf("学生的平均成绩为:\n");
    printf("%f\n", sum/n);
    return 0;
}
```

运行这一段程序，当输入分数小于0或者大于100时，循环结束；但是所计算出来的平均成绩并不是我们所需要的。因为当输入的分数大于100或者小于0时，sum依然会加上所输入的score，*n*也会自加1，然后才会判断循环是不是结束。由此可见，do…while循环的执行顺序是先执行循环体，然后再判断是不是结束循环，所以在用do…while循环时要特别注意。

还有一点要注意的就是，在while循环的循环条件中定义的变量可以在while循环的循环体内使用，而在do…while循环的循环条件中定义的变量则不可以。例如：

```
#include <stdio.h>
int main()
{
    float sum=0;
    int n=0;
    do
    {
        printf("请输入学生成绩:\n");
        scanf("%f", &score);
        sum+=score;                          //总分数
        ++n;                                 // 学生人
    }
    while(float score>=0 && score<=100);     //在循环条件中定义变量
    printf("学生的平均成绩为:\n");
    printf("%f\n", sum/n);
    return 0;
}
```

程序中我们把score的定义放在了while循环的循环条件中，当编译器编译时会报错：

```
error: 'score' undeclared (first use in this function)
error: (Each undeclared identifier is reported only once
error: for each function it appears in.)
error: expected expression before 'float'
```

这说明在do…while循环条件中定义的变量不能在循环体中使用。

4.10 break 语句

break 语句用于结束最近的 while，do…while，for 或者 switch 语句，跳出循环然后执行之后的语句。例如：

```
#include <stdio.h>
int main()
{
    int i;              /*i并没有初始化,int类型的数据没有初始化的默认值是0*/
    while(1)
    {
        if (i>10)
            break;
        i++;
    }
    printf("%d\n", i);
    return 0;
}
```

本例中，循环反复执行，当 $i>10$ 时，break 语句终止了 while 循环，然后继续执行后面的 printf 语句。

需要注意的是，第一，break 语句只能出现在循环或 switch 语句中，或者出现在嵌套循环或 switch 结构的语句中。对于 if 语句，只有它嵌套在 switch 或循环语句里面时，才能使用 break 语句。break 语句出现在循环外或者 switch 外将会导致编译错误。第二，break 语句只终止了它所在的最内层的 switch 语句或者循环，而外层的 switch 或循环则不受影响。

例如，下面是求解 100～200 之间的素数的程序。

```
#include <stdio.h>
int main()
{
    int i,j,x;
    printf("100到200之间的素数有:\n");
    for (i=100; i<=200; i++)
    {
        x=0;    //标记i是不是素数,初始化为0,0代表是素数,1代表不是
        for (j=2; j*j<=i; j++ )
        {
            if ( i%j==0 )
            {
                x=1;        //代表i不是素数
                break;      //跳出当前for循环,并未跳出外层for循环
            }
```

```
            }
            if ( x==0)
                printf("%d ", i);
        }
        printf("\n");
        return 0;
    }
```

运行这个程序我们可以发现，break 语句只终止了内层的 for 循环，但是却没有终止外层的 for 循环。

4.11 continue 语句

continue 语句的作用是使循环语句的当次迭代提前结束，对于 while 和 do…while 语句，继续求解循环条件；而对于 for 循环，程序流程继续求解 for 语句头中的循环改变表达式。同 break 语句一样，continue 语句只能出现在 for，while 或者 do…while 循环中，或包括嵌套在这些循环内部的语句块中。例如，在下面的例子中，每次从输入流中读取一个字符串，如果字符串的首字母为“#”，则输出该字符串，否则终止当前循环，接着读取下一个字符串。

```
#include <stdio.h>
int main()
{
    char s[100];
    while ( scanf("%s", s) )
    {
        if (s[0] != '#') continue ;
        printf("%s\n", s);
    }
   return 0;
}
```

第 3 节　应用实践

1. For Loop Iteration

将 6 个 LED 与 Arduino 数字端口相连，通过程序将 6 个 LED 按一定的顺序闪烁。

```
int timer = 100;              //延时时间的初始化，值越大，时间越长
void setup() {
//使用一个 for 循环初始化每个引脚作为输出
  for (int thisPin = 2; thisPin < 8; thisPin++) {
    pinMode(thisPin, OUTPUT);
```

```
    }
  }

  void loop() {
  //循环从最低号引脚到最高号
    for (int thisPin = 2; thisPin < 8; thisPin++) {
  //将引脚的电平置为 HIGH,灯亮起
      digitalWrite(thisPin, HIGH);
      delay(timer);
  //将引脚的电平置为 LOW,灯熄灭
      digitalWrite(thisPin, LOW);
    }

  //循环从最高号引脚到最低号
    for (int thisPin = 7; thisPin >= 2; thisPin--) {
      digitalWrite(thisPin, HIGH);
      delay(timer);
      digitalWrite(thisPin, LOW);
    }
  }
  /* 该段程序为 6 个 LED 循环往复闪烁,利用两次 for 循环分别对对应的引脚进行高、低电平的操
     作,从而控制灯的开和关 */
```

For Loop Iteration 电路图如图 4-2 所示。

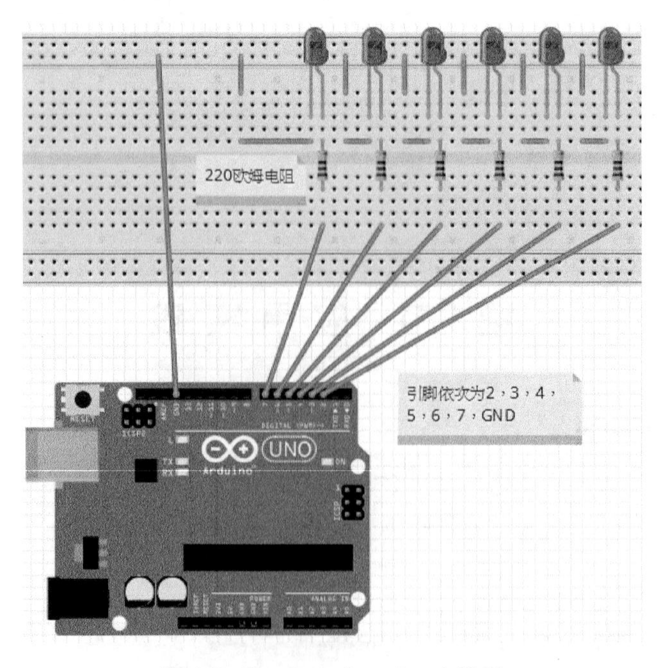

图 4-2　For Loop Iteration 电路图

2. Fading

将 LED 与 Arduino 的 pwm 端口相连,通过程序改变 LED 的亮度。

```
int ledPin = 9;                  // 将 LED 灯连接到 9 号引脚
void setup() {
}

void loop() {
  //淡入增量为 5 单位,最小到最大,范围为 0~255
  for (int fadeValue = 0 ; fadeValue <= 255; fadeValue += 5)
{
analogWrite(ledPin, fadeValue); //将值依次写入引脚中,从而控制 LED 的亮度
     delay(30);                  //等待 30 ms 看到调光的效果
  }
   //淡出减量为 5 单位,最小到最大,范围为 0~255
  for (int fadeValue = 255 ; fadeValue >= 0; fadeValue -= 5)
{
    analogWrite(ledPin, fadeValue);
     delay(30);
  }
}
/* 该段程序用于 LED 从亮到暗再从暗到亮,循环往复,利用 for 循环操作控制 LED 明暗程度的
   参数 */
```

Fading 电路图如图 4-3 所示。

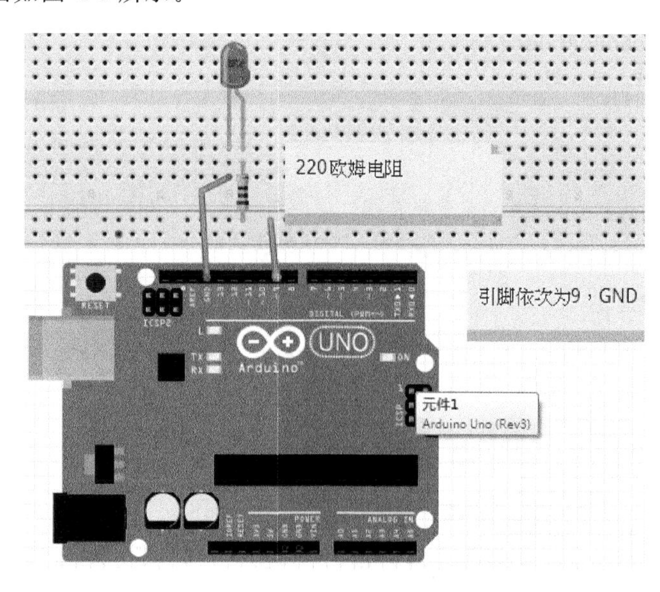

图 4-3　Fading 电路图

3. switch 语句

将光敏电阻与 Arduino 的模拟输入 A0 端口相连,通过程序将光敏电阻对光的感应通过模拟数据的形式从串口监视器输出。

```
// 这些值是不会改变的
const int sensorMin = 0;                    //通过实验发现的传感器最小值
const int sensorMax = 600;                  //通过实验发现的传感器最大值

void setup() {
//初始化串行通信
  Serial.begin(9600);
}

void loop() {
  int sensorReading = analogRead(A0);       //从模拟输入端传感器读取数值并赋给一个变量
int range = map(sensorReading, sensorMin, sensorMax, 0, 3);
                                            //使其从原有范围变成 0~3 的范围,利用 switch 语
                                            //句根据传感器检测到光的程度不同值进行分支
  switch (range) {
    case 0:
      Serial.println("dark");
      break;
    case 1:
      Serial.println("dim");
      break;
    case 2:
      Serial.println("medium");
      break;
    case 3:
      Serial.println("bright");
      break;
  }
  delay(1);                                 // delay in between reads for stability
}
/* 该段程序从模拟输入端口的光敏传感器读取不同值,再将相对应的内容显示在串口监视器中。
   利用 switch 进行控制,将读入的值分别对应到不同的分支中从而控制不同的输出 */
```

其电路图如图 4-4 所示。

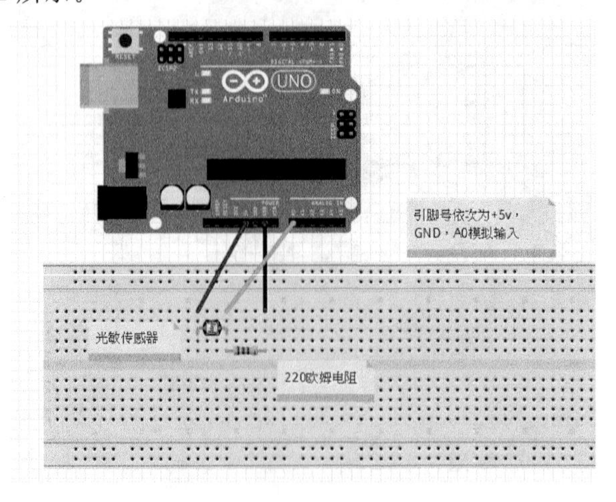

图 4-4　switch 语句电路图

第5章　数　　组

第1节　范例导学

【例 5-1】 一维数值数组。

将下列数值赋予数组 a[5]，求对应数值平方赋予数组 b[5]并显示。

a[5]

a[0]	4
a[1]	2
a[2]	3
a[3]	9
a[4]	7

b[5]

b[0]	
b[1]	
b[2]	
b[3]	
b[4]	

【程序例】

```
#include<stdio.h>
int main()
{
    int a[5], b[5], i;
    a[0] = 4, a[1] = 2, a[2] = 3, a[3] = 9, a[4] = 7;            //数组初始化
    for(i = 0; i <= 4; i++)
    {
        b[i] = a[i] * a[i];                                     //求平方并赋值
        printf("b[%d]=%d\n", i, b[i]);
    }
    return 0;
}
```

【结果】

```
b[0]=16
b[1]=4
b[2]=9
b[3]=81
b[4]=49
```

【说明】

① 定义整型一维数组用“int a[5]; ”,其中,*a* 是变量名(标识符),可以存储 5 个整数,存储区为 a[0],a[1],a[2],a[3],a[4]。a[0]～a[4]也可以看成是变量标识符,[]中的数值称为数组下标,下标从 0 开始。

② 数组赋值方法和一般变量一样。例如,“a[0] =4”表示将 4 赋值给 a[0]。也可以连续赋值:

```
a[0] = 4, a[1] = 2, a[2] = 3, a[3] = 9, a[4] = 7;
```

a[0]
a[1]
a[2]
a[3]
a[4]

a[0]=4	4
a[1]=2	2
a[2]=3	3
a[3]=9	9
a[4]=7	7

③ 本例程序中将“a[0] * a[0]”～“a[4] * a[4]”赋给 b[0]～b[4]。

数组a[5]的值

a[0]	4
a[1]	2
a[2]	3
a[3]	9
a[4]	7

将平方赋值给b[5]	b[5]	
b[0]=a[0]* a[0]	b[0]	16
b[1]=a[1]* a[1]	b[1]	4
b[2]=a[2]* a[2]	b[2]	9
b[3]=a[3]* a[3]	b[3]	81
b[4]=a[4]* a[4]	b[4]	49

④ 数组的显示和变量一样,使用 printf 语句:

```
printf("%d", a[3]);  //显示整型 a[3],a[3]赋值为 9 时则显示数值 9
```

欲显示 a[0]～a[4]的值时,下标要从 0 开始,下标在 0～4 之间变化,使用循环语句比较方便。例如,显示 1 000 个数据时,使用数组 a[0]～a[999]:

```
for(i = 0; i <= 999; i++)
  printf("%d\n", a[i]);
```

【例 5-2】 数组初始化。

将数值 8, 2, 3, 0, 8, 9, 1, 7, 9, 9, 7 赋予数组 *a* 并求其最大值和最小值。

【程序例】

```
#include<stdio.h>
int a[] = {8, 2, 3, 0, 8, 9, 1, 7, 9, 9, 7};                //数组初始化
int main()
{
    int max = -2147483648, min = 2147483647, i;
    for(i = 0; i <= 10; i++)
    {
        if(a[i] > max) max = a[i];                          //比较最大值
        if(a[i] < min) min = a[i];                          //比较最小值
    }
    printf("max=%d, min=%d\n", max, min);
```

```
    return 0;
}
```

【结果】

```
max=9, min=0
```

【说明】

① 数组初始化在 main 函数外进行，如整型数组：

```
int a[] = {8, 2, 3,0,8,9,1,7,9,9,7};
```

省略下标，花括号内的数值用逗号隔开，由前到后顺序赋给数组，即 a[0]为 8，a[1]为 2 等。

② 采用外部静态变量方式赋值。例如：

```
static int a[] = {8, 2, 3,0,8,9,1,7,9,9,7};
```

③ int 类型的范围是 －2 147 483 648 ～ 2 147 483 637，给 max 和 min 这样赋初值可以保证任意值大于等于 max、任意值小于等于 min。

【例 5-3】　二维数组。

将下列数据存入数组 a[5][4]，求其横向数值的平方和并显示。

3	4	1
5	3	2
1	1	1
4	8	6
6	7	5

【程序例】

```
#include<stdio.h>
int main()
{
    int a[5][4];      //定义二维数组
    int i;
    a[0][0] = 3, a[0][1] = 4, a[0][2] = 1;
    a[1][0] = 5, a[1][1] = 3, a[1][2] = 2;
    a[2][0] = 1, a[2][1] = 1, a[2][2] = 1;
    a[3][0] = 4, a[3][1] = 8, a[3][2] = 6;
    a[4][0] = 6, a[4][1] = 7, a[4][2] = 5;  //给二维数组赋值

    for(i = 0; i <= 4; i++)
        a[i][3] = a[i][0] * a[i][0] + a[i][1] * a[i][1] + a[i][2] * a[i][2]; //求平方和
    for(i = 0; i <= 4; i++)
    printf("%d %d %d %d\n", a[i][0], a[i][1], a[i][2], a[i][3]);
    return 0;
}
```

【结果】

```
3 4 1 26
5 3 2 38
1 1 1 3
4 8 6 116
6 7 5 110
```

【说明】

① 数组各元素如图 5-1 所示，整体是一个 5 行 4 列的变量。

行 列	0	1	2	3
0	3	4	1	
1	5	3	2	
2	1	1	1	
3	4	8	6	
4	6	7	5	

图 5-1　数组元数

② 数组说明为

```
int a[5][4];
```

下标 5 是行数，4 是列数，实际上数组行为 0～4，列 0～3，即 a[0][0]～a[4][3]。

```
a[0][0],a[0][1],a[0][2],a[0][3]
a[1][0],a[1][1],a[1][2],a[1][3]
a[2][0],a[2][1],a[2][2],a[2][3]
a[3][0],a[3][1],a[3][2],a[3][3]
a[4][0],a[4][1],a[4][2],a[4][3]
```

【例 5-4】 二维数组初始化。

用下列数据对数组 a,b 初始化，组成并显示对应项之差的数组 c。

a[3][2]

27	14
33	68
43	33

b[3][2]

19	7
24	88
10	51

c[3][2]

27-19	14-7
33-24	68-88
43-10	33-51

【程序例】

```
#include<stdio.h>
static int a[3][2] = {27, 14,33, 68,43, 33};
static int b[3][2] = {19, 7,24, 88,10, 51};          //数组 a, b 初始化
int main()
{
    int c[3][2];
```

```
    int i, j;
    for(i = 0; i <= 2; i++)
    for(j = 0; j <= 1; j++)
        c[i][j] = a[i][j] - b[i][j];
    for(i = 0; i <= 2; i++)
    {
    for(j = 0; j <= 1; j++)
    printf("%d-%d=%d  ", a[i][j], b[i][j], c[i][j]);
        printf("\n");
    }
    return 0;
}
```

【结果】

```
27-19=8  14-7=7
33-24=9  68-88=-20
43-10=33  33-51=-18
```

【说明】

二维数组初始化和一维数组一样，在 main 函数外采用 static 进行声明。例如：

```
static int a[3][2] = {27, 14, 33, 68, 43, 33};
```

则是对整型数组变量 a[3][2]进行初始化，即

a[3][2]

a[0][0]	a[0][1]
a[1][0]	a[1][1]
a[2][0]	a[2][1]

a[3][2]初始化

27	14
33	68
43	33

【例 5-5】 三维数组。

将下列数据赋给数组 a 并显示。

	年份	单位			
		校团委	计算机系	数学系	电子工程系
捐赠现金/千元	2011	9	2	4	3
	2012	5	6	3	2
	2013	3	7	9	5
捐赠物品/千元	2011	8	7	4	9
	2012	4	5	5	5
	2013	6	1	3	8

【程序例】

```
#include <stdio.h>
```

```
int main()
{
    int a[2][3][4];            // 三维数组声明
    int i, j, k;
    a[0][0][0] = 9, a[0][0][1] = 2, a[0][0][2] = 4, a[0][0][3] = 3;
    a[0][1][0] = 5, a[0][1][1] = 6, a[0][1][2] = 3, a[0][1][3] = 2;
    a[0][2][0] = 3, a[0][2][1] = 7, a[0][2][2] = 9, a[0][2][3] = 5;
    a[1][0][0] = 8, a[1][0][1] = 7, a[1][0][2] = 4, a[1][0][3] = 9;
    a[1][1][0] = 4, a[1][1][1] = 5, a[1][1][2] = 5, a[1][1][3] = 5;
    a[1][2][0] = 6, a[1][2][1] = 1, a[1][2][2] = 3, a[1][2][3] = 8;
    for(i = 0; i <= 1; i++)
    for(j = 0; j <= 2; j++)
        {
    for(k = 0; k <= 3; k++)
    printf("%d", a[i][j][k]);
        printf("\n");
        }
    return 0;
}
```

【结果】

```
9 2 4 3
5 6 3 2
3 7 9 5
8 7 4 9
4 5 5 5
6 1 3 8
```

【例 5-6】 单字符数组。

将字符'a','b','c','X','Y','Z'分别赋给数组 a[0]～a[5]并进行显示。

【程序例】

```
#include<stdio.h>
int main()
{
    char a[6];
    a[0] = 'a', a[1] = 'b', a[2] =  'c';
    a[3] = 'X', a[4] = 'Y', a[5] =  'Z';
    printf("%c%c%c%c%c%c\n", a[0], a[1], a[2], a[3], a[4], a[5]);
    return 0;
}
```

【结果】

```
abcXYZ
```

【说明】

① 字符型数组说明为

```
char a[6];
```

声明 a[0], a[1], a[2], a[3], a[4], a[5]并分配存储空间。

② 字符型数组内只存储单个字符。例如:

```
a[0] = 'x';
```

表示将'x'赋予 a[0]。

③ 显示格式为%c。例如。

```
char a[0] = 'A';
printf("%c", a[0]);
```

显示字符'A'。

【例 5-7】 字符型数组初始化。

将字符型数组 a 以 DMCS 的各个单字符进行初始化并显示。

【程序例】

```
#include <stdio.h>
static char a[] = {'D','M','C','S'};  //字符型数组初始化
int main()
{
    printf("%c%c%c%c\n", a[0], a[1], a[2], a[3]);
    return 0;
}
```

【结果】

```
DMCS
```

【说明】

在 main 函数外采用 static 进行初始化:

```
static char a[] = {'D','M','C','S'};
```

定义静态字符型数组 a,用单个字符初始化,这时,a[0]为'D', a[1]为'M', a[2]为'C', a[3]为'S'。

【例 5-8】 二维字符型数组。

将下述数据以单个字符赋值给二维数组并进行显示。

```
C++
PHP
Lua
```

【程序例】

```
#include<stdio.h>
```

```
int main()
{
    int i;
    char a[3][3];
    a[0][0] = 'C', a[0][1] = '+', a[0][2] = '+';
    a[1][0] = 'P', a[1][1] = 'H', a[1][2] = 'P';
    a[2][0] = 'L', a[2][1] = 'u', a[2][2] = 'a';
    for(i = 0; i <= 2; i++)
    printf("%c%c%c\n",  a[i][0], a[i][1], a[i][2]);
    return 0;
}
```

【结果】

```
C++
PHP
Lua
```

【说明】

char a[3][3]字符型数组表示为

char c[3][3]

行 列	0	1	2
0	'C'	'+'	'+'
1	'P'	'H'	'P'
2	'L'	'u'	'a'

【例 5-9】 二维字符型数组初始化。

将下述数值以单字符赋予二维数组 a 进行初始化并进行显示。

```
CCSU
DMCS
```

【程序例】

```
#include<stdio.h>
static char a[][4] = {'C','C','S','U','D','M','C','S'};
int main()
{
    int i;
    for(i = 0; i <= 1; i++)
    printf("%c%c%c%c\n", a[i][0], a[i][1], a[i][2], a[i][3]);
    return 0;
}
```

【结果】

```
CCSU
DMCS
```

【说明】

二维字符型数组初始化在 main 函数外用 static 进行：

```
static char a[][4] = {'C','C','S','U','D','M','C','S'};
```

a[0][0]～a[0][3]各存储 CCSU 的一个字符，a[1][0]～a[1][3]各存储 DMCS 的一个字符。

【例 5-10】 数组字符串。

编写将“CCSUDMCS”赋予数组 a[6]后，显示其单字符序列和一个字符间空输出的程序。

【程序例】

```
#include<stdio.h>
char a[9] = "CCSUDMCS";
int main()
{
    int i;
    printf("%s\n", a);
    for(i = 0; i <= 7; i++)
        printf("%c ", a[i]);      // 显示单个字符
    return 0;
}
```

【结果】

```
CCSUDMCS
C C S U D M C S
```

【说明】

① 字符串数组初始化方式为

```
char a[9] = "CCSUDMCS";
```

其中，a[0]为 C，a[1]为 C，a[2]为 S，a[3]为 U，a[4]为 D，a[5]为 M，a[6] 为 C，a[7]为 S，a[8]为空字符\0，即：

a[9]

a[0]	a[1]	a[2]	a[3]	a[4]	a[5]	a[6]	a[7]	a[8]
'C'	'C'	'S'	'U'	'D'	'M'	'C'	'S'	\0'

② 用%s 格式显示指定地址开始的字符串，用%c 格式显示数组元素的字符。

【例 5-11】 将多个字符串赋给数组。

将"C++","C","JAVA","C#"4 个字符串赋给数组 *a* 并进行显示。

【程序例】

```
#include<stdio.h>
static char a[][5] = {"C", "C++", "JAVA", "C#"};
```

```
int main()
{
    int i;
    for(i = 0; i <= 3; i++)
        printf("%s\n", a[i]);   //显示各字符串
    return 0;
}
```

【结果】

```
C
C++
JAVA
C#
```

【说明】

① 将 4 个字符串赋予数组并初始化的方式为

```
static char a[][5] = {"C", "C++", "JAVA", "C#"};
```

a[][5]

行 \ 列	0	1	2	3	4
0	'C'	'\0'	'\0'	'\0'	'\0'
1	'C'	'+'	'+'	'\0'	'\0'
2	'J'	'A'	'V'	'A'	'\0'
3	'C'	'#'	'\0'	'\0'	'\0'

② 第 1 个下标是字符串的个数，第 2 个下标为字符串最多字符数加 1。

③ a[0]是第 1 个字符串的首地址，a[1]是第 2 个字符串的首地址，a[i]是第 $i+1$ 个字符串的首地址，因此，字符串显示时为

```
printf("%s\n", a[i]);
```

【例 5-12】 单字符组合字符串。

将下列各单词以单个字符方式赋给数组，构成各单词最后为“\0”的字符串并进行显示。

BASIC，C，FORTRAN，COBOL

【程序例】

```
#include<stdio.h>
int main()
{
    char a[4][8];
    int i;
    a[0][0] = 'B', a[0][1] = 'A', a[0][2] = 'S', a[0][3] = 'I', a[0][4] = 'C', a[0][5] =
            '\0', a[0][6] = '\0', a[0][7] = '\0';
    a[1][0] = 'C', a[1][1] = '\0', a[1][2] = '\0', a[1][3] = '\0', a[1][4] = '\0', a[1][5]
```

```
            ='\0', a[1][6] = '\0', a[1][7] = '\0';
    a[2][0] = 'F', a[2][1] = 'O', a[2][2] = 'R', a[2][3] = 'T', a[2][4] = 'R', a[2][5]
            = 'A', a[2][6] = 'N', a[2][7] = '\0';
    a[3][0] = 'L', a[3][1] = 'I', a[3][2] = 'S', a[3][3] = 'P', a[3][4] = '\0', a[3][5] =
            '\0', a[3][6] = '\0', a[3][7] = '\0';
    for(i = 0; i <= 3; i++)
    printf("%s\n", a[i]);
    return 0;
}
```

【结果】

```
BASIC
C
FORTRAN
LISP
```

【说明】

将字符'B'赋给 a[0][0],字符'A'赋给 a[0][1],字符'S'赋给 a[0][2],字符'I'赋给 a[0][3],字符'C'赋给 a[0][4],空字符赋给 a[0][5]。这样,a[0][0]～a[0][5]可看成是字符串"BASIC",用“printf("%s\n", a[0]);”可显示字符串"BASIC"。

第2节 知识详解

通过前面章节的学习我们知道“C 程序＝数据结构＋算法”,因此程序总是和数据关联在一起的,一个程序一般就是数据的输入、输出及一些数据的处理和操作。

需要由程序处理的数据可能很简单,用学过的整型、实型、字符型等基本数据类型即可描述,但也可能很复杂,数据之间具有一定的相关性。例如,计算机系学生 C 语言考试成绩,这组数据有两个特点:其一,每个学生考试成绩的数据类型是一样的,只是值有可能各不相同;其二,这些数据之间是逻辑相关的,具有明显的集合结构特征,应该可以进行统一的管理。

虽然这些数据本身都能够通过我们已经掌握的基本数据类型来表示,但是仅使用基本数据类型,我们既不能很好地体现这些数据的集合结构特征,管理起来也相当不易,因此我们需要合适的数据结构来组织和管理这些数据。

为了方便处理上面这种情况的数据,一般程序设计语言都会提供相应的数据类型机制来支撑,这种数据类型通常称为构造数据类型。在 C 语言中,是用数组这种构造数据类型来处理这样的数据的。

5.1 数组的基本概念

C 语言中的数组是有序数据的集合。数组中的每一个元素都属于同一种数据类型,用统一的数组名和不同的下标可以唯一地确定数组中的元素。

数组中的每个元素称为数组元素或数组分量。数组元素是按顺序号排列的，这个顺序号叫作数组元素的下标。数据元素按下标顺序依次保存在一片连续的内存单元中，每个数组元素占用相同数目的内存单元。在前面我们所说的"数组是有序数据的集合"中"有序"的含义就是指数据元素的下标是按顺序逐渐递增的，不要理解成数组元素本身保存的数据是从小到大或从大到小的顺序排列的。

数组按下标个数的不同可以分为一维数组和多维数组。

5.2 一维数组

只有一个下标的数组称为一维数组。

5.2.1 一维数组的声明及使用

一般形式为

存储类型 数据类型 数组名[元素个数]

其中，存储类型与变量声明中的存储类型的作用相同。C语言中有 auto，static，register，extern 4种存储类型，默认存储类型是 auto。数据类型指明了数组元素的类型，可以是整型、实型和字符型等基本数据类型，也可以是用户自定义的数据类型，如后面将要介绍的结构体数据类型。数组名由标识符充当，给数组命名时，除了符合C语言的标识符命名规则之外，最好做到见名识意。数组名后面方括号中的元素个数只能是整型常量表达式，表达式的值表示数组中数组元素的总个数，也称为数组的长度。需要注意的是，C语言中的数组元素的下标是从零开始的。例如：

```
int a[20] ;        //声明了 a 是一个一维整型数组，它有 20 个整型元素，下标的范围是 0～19
char b[2 * 10];    //声明了 b 是一个一维字符型数组，它有 20 个字符型元素，下标的范围是 0～19
#define N 20
double c[N];       //声明了 c 是一个一维双精度型数组，它有 20 个双精度型元素，下标的范围
                   //是 0～19
```

a[0]
a[1]
a[2]
a[3]
a[4]
a[5]
a[6]
a[7]
a[8]
a[9]

图 5-2　一维数组元素的存储方式

对初学者来说，常犯的程序设计错误是认为数组的第一个数组元素是 a[1]，认为数组的最后一个数组元素是 a[n]（若数组长度是 n）。事实上一定要牢记数组的第一个数组元素是 a[0]，最后一个数组元素是 a[n－1]。

一维数组元素存放在一片连续的内存单元中。例如，对于"int a[10];"数组元素在内存中的存储方式如图 5-2 所示。在后面学习了指针的内容之后，我们就会体会到正因为数组元素在内存中是连续存放的，所以才使得我们使用指针访问数组变得很灵活、方便。

5.2.2 一维数组元素的初始化

在声明数组时，可以对数组中的数组元素赋初值，这称为初始化。方法是把初始值依次存放在一对花括号中，初始值之间用逗号分开，花括号中的初始值与数组元素将一一对应。例如：

```
int a[10]={ 1, 2, 3, 4, 5, 6, 7, 8, 9, 10 };
char b[2 * 10]={'h','a','p','p','y',};
```

① 如果初始值的数目小于数组元素的数目，数组剩余的数组元素被自动初始化为0。例如：

```
int a [10] = {0, 1, 2};
```

则数组 a 的数组元素值为{0，1，2，0，0，0，0，0，0，0}。

② 如果初始值的数目超过了数组元素的数目，编译器将报错。例如：

```
int array[5] = { 0, 1, 2, 3, 4, 5, 6 };
```

则编译器会报错。

③ 如果声明数组的同时进行了初始化，则数组长度的说明可以省略，系统会根据初始值的个数确定数组长度。例如：

```
int a[] = { 1, 2, 3, 4};
```

相当于声明了一个长度为4的整型数组，它与下列声明方式是等价的。

```
int a[4]={ 1, 2, 3, 4 };
```

需要注意的是，下面的声明方式是错误的。

```
int a[];
```

错误的原因是在定义数组时省略了数组长度的说明，并且也没有对数组进行初始化，因此编译时会报错。

5.2.3 一维数组元素的访问

数组元素是通过数组名和下标来访问的。程序中数组元素的访问方式为

数组名[下标表达式]

其中，下标表达式可以是整型常量、整型变量或整型表达式。例如，a[0]，a[i]，b[i+j]，c[3 * 5]等都是合法的访问数组元素的方式。如果访问数组元素时下标值超出了数组元素的最大下标，会导致数组访问越界错误，编译时一般不检查该错误，但运行程序时会出错，因此应特别注意。

要注意区分定义数组时的“数组名[常量表达式]”和使用数组时的“数组名[下标表达式]”，这两者是不一样的。前者的“[常量表达式]”用来表示数组的总长度，后者的“[下标表达式]”表示数组元素的下标，虽然两者都是数字，但含义却完全不一样，而且后者可以是变量，前者却只能是常量。例如：

```
int a[5];             /* 数字"5"表示数组长度为 5 */
a[3] = a[4];          /* 数字"4"和"3"分别表示使用下标为 4 和下标为 3 的数组元素 */
a[i]=a[j];            /* 变量"i"和"j"分别表示使用下标为 i 和下标为 j 的数组元素 */
```

在使用上,数组元素和一般变量一样,可以构成表达式的一部分,参与各种运算。例如:

```
a[1] = 1;             // 给数组元素 a[1]赋值
x=a[2]/2;             // 数组元素作为表达式的操作数参与运算
```

在实际应用中,通常把数组和循环语句结合起来使用,用于解决实际问题。当采用 for 循环语句对数组元素进行处理时,最好采用如代码段①的语句,而不要采用代码段②的语句。

① for (i = low ; i<heigh ; i ++)

② for (i = low ; i<= heigh-1 ; i ++)

采用代码段①中的循环语句有两个好处:循环次数为 for 循环中的上界与下界之差,即 heigh-low;当 for 循环中的上界与下界相等时,即 low 与 heigh 相等时,循环次数就为 0。

这样,以后只要看到类似"for (i = 0 ; i<len; i ++)"这样的语句,就可以一目了然地看出循环的次数是 len 次,下标的变化是从 0 到 len-1。当 len 为 0 时,循环次数就为 0。

5.2.4 一维数组应用实例

【例 5-13】 编写一个求数组所有数组元素平均值的程序。

```
#include<stdio.h>
int main()
{
    int i,len;
    int a[]={1,2,3,4,5};
    int b[]={1,3,5,7,9,11};
    double ave = 0.0;

    printf("output the result : \n");
    len = sizeof(a)/sizeof(int);                 //计算数组 a 的长度

    for(i = 0;i < len; i++)                      //输出实参数组 a 的数组元素
    printf("%3d ", a[i]);
    for(i = 0; i < len; i++)
       ave += a[i];
    printf("\naverage is:%6.2f\n", ave/len);     //输出数组 a 所有数组元素的平均值

    len = sizeof(b)/sizeof(int);                 //计算数组 b 的长度
    for(i = 0;i < len; i++)                      //输出实参数组 b 的数组元素
    printf("%3d ", b[i]);
    for(i = 0; i < len; i++)
       ave += b[i];
    printf("\naverage is:%6.2f\n",ave/len);      //输出数组 b 所有数组元素的平均值
```

```
    return 0;
}
```

该程序的运行结果为

```
output the result :
  1   2   3   4   5
average is:  3.00
  1   3   5   7   9  11
average is:  6.00
```

【例 5-14】 使用冒泡排序方法对整型数组元素按照从小到大的顺序排序。

分析:排序是计算机程序设计中的经典问题。排序是指把一组无序的数据按照递增或者递减的次序重新排列的过程。排序的最终目的是为了查询检索,如果将信息以预先定义的顺序存储,则对信息进行检索就变得容易多了。目前,已有很多成熟的算法用来进行排序,简单的有冒泡排序、插入排序、快速排序和选择排序等,稍微复杂的有哈希排序、希尔排序和堆排序等。本例介绍冒泡排序的具体实现(按照从小到大的顺序排序)。

冒泡排序的基本思想是:将数组中相邻的两个数进行比较,如果前一个数比后一个数大,则两者交换位置。如果数组中有 n 个数,则要进行 $n-1$ 轮比较,在第 1 轮比较中要进行 $n-1$ 次两两比较,在第 i 轮比较中要进行 $n-i$ 次两两比较。

```
#include <stdio.h>
#define N 10
int main()
{
    int a[N];
    int i, j, t;

    printf("input 10 numbers:\n");
        for (i = 0; i < N; i++)                 //从键盘输入数组元素的值
    scanf("%d", &a[i]);

    for(j = 0; j < N-1; j++)                    //控制比较的轮次
        for(i = 0; i < N-1-j; i++)              //控制一轮比较中相邻元素的两两比较
    if (a[i]>a[i+1])                            //如果前一个元素大于后一个元素,则两者交换位置
        {
            t = a[i];
            a[i] = a[i+1];
            a[i+1] = t;
        }
    printf("after sort :\n");
        for(i = 0; i < N; i++)                  //输出排序后的数组
    printf("%d ",a[i]);
```

```
        printf("\n");
        return 0;
    }
```

该程序的运行结果为

```
input 10 numbers :
10 9 8 7 6 5 4 3 2 1↙
after sort :
1 2 3 4 5 6 7 8 9 10
```

5.3 多维数组

具有多个下标的数组称为多维数组。其中,具有两个下标的数组称为二维数组,具有三个下标的数组称为三维数组,其他依次类推。在实际应用中,二维数组应用较为广泛,所以后面各小节中我们都以二维数组为例进行说明。

5.3.1 二维数组的声明与使用

1. 二维数组的声明

一般形式为

存储类型 数据类型 数组名[数组元素个数][数组元素个数]

其中,关于存储类型、数据类型、数组名、数组元素个数的规定与一维数组相同,此处不再赘述。例如:

```
int a[3][4];
```

声明了一个 3 行 4 列的二维数组 a,数组有 3×4 共 12 个数组元素。二维数组在内存中按行存放在一片连续的内存单元中,如图 5-3 所示。

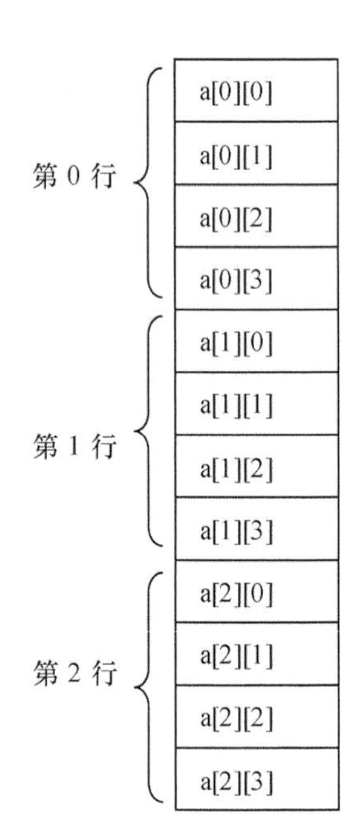

图 5-3 二维数组的存储方式

2. 二维数组元素的访问

二维数组元素的访问是通过数组名和两个下标进行的,其表示形式为

数组名[下标][下标]

与一维数组元素访问相类似,访问二维数组元素的两个下标都应为整型常量、整型变量或整型表达式。例如:

```
a[0][1],a[2][1+2]
```

分别表示访问第 0 行第 1 列的数组元素和第 2 行第 3 列的数组元素。

通过嵌套循环访问二维数组是二维数组操作中常用的方法,外层循环用于二维数组的行的遍历,内层循环用于二维数组的列的遍历。例如:

```
int i,j;
int a [2][3] = {{1,2,3},{4,5,6}};
for(i = 0; i < 2; i++)            /* 外层循环用于二维数组的行的遍历 */
{
    for(j = 0; j < 3; j++)        /* 内层循环用于二维数组的列的遍历 */
      printf("%5d", a [i][j]);
    printf("\n");
}
```

该代码段的运行结果为

```
1    2    3
4    5    6
```

3. 二维数组的初始化

二维数组也可以在声明时初始化。二维数组初始化时可以给全部数组元素赋初值,也可以只给部分数组元素赋初值。

① 数组元素的值可以用花括号按行分组。如果指定行元素的实际个数多于所赋初始值的个数,与一维数组类似,则该行的剩余元素初始化为 0。例如:

```
int a[3][4]={ {1,2 ,3,4},{5,6,7,8},{9,10} };
```

1,2,3,4 初始化 a[0][0],a[0][1],a[0][2],a[0][3];5,6,7,8 初始化 a[1][0],a[1][1],a[1][2],a[1][3];9,10,0,0 初始化 a[2][0],a[2][1],a[2][2],a[2][3]。

② 如果初始值只给出了部分行,则剩余的行中的所有元素都被初始化为 0。例如:

```
int a[3][4]={ {1,2 },{5,6} };
```

则初始化 a[0][0]为 1、a[0][1]为 2、a[1][0]为 5、a[1][1]为 6,而其余数组元素均为 0。

③ 如果初始值之间没有用花括号按行分组,那么编译器会自动地用初始值顺序初始化第 0 行的元素、第 1 行的元素、……。如果初始值的数目少于数组元素的数目,剩余的数组元素自动初始化为 0。例如:

```
int a[3][4] = { 2, 4, 6, 8  }
```

初始化完成后,数组 a 的各数组元素的值为:a[0][0]为 2,a[0][1]为 4,a[0][2]为 6,a[0][3]为 8,其余数组元素均为 0。

④ 如果对全部元素都赋初值,即提供全部初始数据,则可在定义时省略第一维的长度。例如:

```
int array[][3] = {1,2,3,4,5,6};
```

需要说明的是,在这里只可以省略第一维的长度说明,但第二维的长度说明不可以省略。因为编译器是根据数据元素的个数和第二维的长度来计算第一维的长度的,所以第二维的长度不可以省略。

5.3.2　多维数组应用举例

【例 5-15】　给一个 3×3 的矩阵赋值,并将其输出,然后求该矩阵的最大值。

分析:用一个 3×3 的二维数组来存储 3×3 的矩阵,用嵌套循环的方法遍历整个数组。另外，求最大值的方法是：用一个变量 max 来保存最大值，最开始用第一个数组元素的值赋给 max，然后依次遍历数组，若发现比当前的 max 值大的数组元素，则将当前的 max 值换位该数组元素的值，这样循环过后，max 变量里保存的就是整个数组中最大的数组元素的值。

```
#include <stdio.h>
int main()
{
    int i,j;
    int array[3][3];
    int max;
    for(i = 0; i < 3; i++){              /* 用一个嵌套循环给数组赋值 */
      for(j = 0; j < 3; j++){
      printf("input the %d row %d column number:",i+1,j+1); /* 提示用户输入 */
      scanf("%d",&array[i][j]);
      printf("\n");
      }
    }
    printf("the matrix is :\n");
    max = array[0][0];                   /* 将第一个数组元素的值赋给 max */
    for(i = 0; i < 3; i++){              /* 这个嵌套循环用于输出数组,同时也求出了最大值 */
      for(j = 0; j < 3; j++){
      printf("%5d",array[i][j]);
      if(max < array[i][j]) max = array[i][j];
      /* 当前数组元素的值大于 max 值,则用当前数组元素的值替换 max 的值 */
      }
      printf("\n");
    }
    printf("\n");
    printf("and the max number is: %d \n", max);
}
```

该程序的运行结果为

```
input the 1 row 1 column number:3 ↙
input the 1 row 2 column number:5 ↙
input the 1 row 3 column number:11 ↙
input the 2 row 1 column number:8 ↙
input the 2 row 2 column number:3 ↙
input the 2 row 3 column number:99 ↙
input the 3 row 1 column number:4 ↙
input the 3 row 2 column number:12 ↙
input the 3 row 3 column number:65 ↙
the matrix is :
3  5   11
8  3   99
4   12   65
and the max number is: 99
```

程序中在提示用户输入时，语句“printf("input the %d row %d column number:",i+1,j+1);”之所以用“i+1”和“j+1”而不是“i”和“j”，是因为在C语言中数组下标是从0开始编号的，这与人们的习惯不一致，加1刚好和人们的习惯吻合。这是一种良好的编程习惯，程序设计过程中需要经常考虑的一个很重要的因素就是用户界面是否友好，相信读者从本例中能体会到这一点。

【例5-16】 输出杨辉三角形。

```
            1
          1   1
        1   2   1
      1   3   3   1
    1   4   6   4   1
  1   5   10  10  5   1
1   6   15  20  15  6   1
```

分析：要输出杨辉三角形，必须找出杨辉三角形的特征。通过观察可以看出，杨辉三角形可以用一个二维数组a[N][N]描述。数组中第0列元素a[i][0]和对角线元素a[i][i]的值都为1；从第2行第1列开始，a[i][j]=a[i-1][j-1]+a[i-1][j]。找到这个规律后，我们就很容易通过一个嵌套循环输出该二维数组的下三角元素（杨辉三角形）了。

```
#include <stdio.h>
#define N 7
int main()
{
    int i, j, a[N][N];
    for (i = 0; i < N; i++){                        //数组的第0列和对角线元素为1
        a[i][i] = 1;
        a[i][0] = 1;
    }
    for(i = 2; i < N; i++)
    {
    for(j = 1; j < i; j++)
            a[i][j] = a[i-1][j-1] + a[i-1][j];  //左上方和正上方的和
    }
    for(i = 0; i < N; i++){                         //按行输出二维数组的下三角元素，即杨
                                                    //辉三角形
    for(j = 0; j <= i; j++){
    printf("%d\t", a[i][j]);
        }
        printf("\n");
    }
}
```

该程序的运行结果为

```
1
1       1
```

```
1    2    1
1    3    3    1
1    4    6    4    1
1    5    10   10   5    1
1    6    15   20   15   6    1
```

5.4 字符串与字符数组

在C语言中,字符串是用一对双引号括起来的一串字符。单个字符串的存储是利用一维字符数组来实现的,该字符数组的长度为有可能存储的字符串的最大长度加1,原因是在每个字符串的最后系统会自动加上一个'\0'作为字符串的结束标志。在程序中,通过该标志我们可以判断出字符串是否结束。

把一个字符串存入到数组时,是按下标顺序将各字符依次存放到不同数组元素中的。若一个数组被用来存储了一个字符串后,其尾部还有剩余的元素,最好将其置为'\0'。

在C语言中,多个字符串的存储是利用二维字符数组来实现的。

5.4.1 一维字符数组

一维字符数组的定义和数组元素的访问方法与其他类型的数组一样,此处不再赘述,在这里重点介绍一维字符数组初始化的方法。

① 对字符数组进行初始化,可将字符逐个赋给数组中的各数组元素。在进行初始化时,如果提供的初始值个数大于数组长度,编译器会提示语法错误;如果花括号中提供的初始值个数小于数组长度,则只把这些字符赋给数组中前面的数组元素,其余的数组元素自动填入字符'\0'。前面我们介绍过在C语言中'\0'作为字符串的结束标志,在程序中通过该标志我们可以判断出字符串是否结束。在通过strlen函数计算字符串的实际长度时,'\0'不计入其中。例如:

```
char c[10] = {'H','e','l','l','o'};
```

赋完值后数组在内存中的状态如下所示。

H	e	l	l	o	\0	\0	\0	\0	\0

② 对字符数组进行初始化,还可以用字符串来初始化。例如:

```
char c[10]="Hello";
```

赋完值后数组在内存中的状态如下所示。

H	e	l	l	o	\0	\0	\0	\0	\0

需要注意的是,一个字符串只能在定义字符数组时作为初始化数据存入到数组中,不能通过赋值表达式直接赋值。例如:

```
char c[10];
c="Hello";
```

是错误的，因为它试图使用赋值号把一个字符串直接赋值给一个数组，这在 C 语言中是不允许的（c 是一个指针常量，这个赋值语句相当于改变一个指针常量）。

③ 如果在定义字符数组的时候对数组进行了初始化，则可以省略数组长度的说明，系统将自动根据初始值个数确定数组长度。例如：

```
char c[]="Hello";
```

赋完值后数组在内存中的状态如下所示。

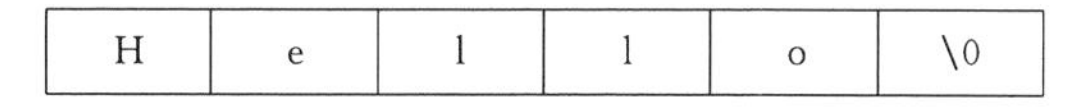

H	e	l	l	o	\0

5.4.2　二维字符数组

利用一维字符数组能够保存一个字符串，利用二维字符数组则能够同时保存多个字符串，最多能保存的字符串个数等于该数组的行数，列数则规定了每个字符串的最大长度。二维字符数组的定义和数组元素的访问方法与其他类型的数组一样，此处也不再赘述，在这里重点介绍二维字符数组初始化的方法。例如：

```
char week[7][11] = {"Sunday", "Monday", "Tuesday", "Wednesday", "Thursday", "Friday",
                    "Saturday"};
```

该数组最多可以存储 7 个字符串，每个字符串的有效字符个数不能超过 10 个，因为字符串结束标志'\0'要占用一个数组元素位置。

5.4.3　字符串的输入和输出

1. 调用字符串输入、输出函数

字符串输入函数的一般形式为

gets(字符数组)

其作用是从标准输入设备输入一个字符串到字符数组，并且得到一个函数值，该函数值是字符数组的起始地址。

字符串输出函数的一般形式为

puts (字符数组)

其作用是将一个字符串输出到标准输出设备。

【例 5-17】 使用字符串输入、输出函数。

```
#include <stdio.h>
int main()
{
    char str[15];
    printf("please input a string:\n");
    gets(str);
    printf("the string is:\n");
    puts(str);
```

```
    return 0;
}
```

该程序的运行结果为

```
please input a string:
hello world ↙
the string is:
hello world
```

2. 调用格式化输入、输出函数

scanf 函数和 printf 函数的使用在第 3 章中已有详细介绍，此处举例说明如何通过这两个函数输入、输出字符串。

【例 5-18】 整个字符串的输入和输出(利用格式符"%s")。

```
#include <stdio.h>
int main()
{
    char str[15];
    printf("please input a string:\n");
    scanf("%s", str);
    printf("the string is:\n");
    printf("%s\n", str);
    return 0;
}
```

该程序的运行结果为

```
please input a string:
helloworld ↙
the string is:
helloworld
```

【例 5-19】 逐个字符的输入和输出(利用格式符"%c")。

```
#include <stdio.h>
int main()
{
    char str[10];
    int i;
    printf("please input 10 letters:\n");
    for(i = 0; i < 10; i++)
    scanf("%c", &str[i]);
    printf("the array is:\n");
    for(i = 0; i < 10; i++)
    printf("%c ", str[i]);
```

```
    printf("\n");
    return 0;
}
```

该程序的运行结果为

```
please input ten letters:
0123456789 ↙
the array is:
0 1 2 3 4 5 6 7 8 9
```

5.4.4 常用的字符串处理函数

1. strcat 函数

其函数原型为

```
char * strcat(char * str1,char * str2)
```

strcat 函数的作用是把字符串 str2 接到字符串 str1 的后面，函数调用后返回 str1 的地址。例如：

```
char str1[30] = {"My name is "};
char str2[] ={"Mary"};
printf("%s",strcat(str1,str2));
```

输出：

```
My name is Mary
```

2. strcpy 函数

其函数原型为

```
char * strcpy(char * str1,char * str2)
```

strcpy 是字符串复制函数，其作用是将字符串 str2 复制到字符串 str1 中去。例如：

```
char str1[10],str2[8]={"Hello"};
strcpy(str1,str2);
```

将实现将字符数组 str2 的值赋值给字符数组 str1，即将字符串" Hello "赋值给字符数组 str1。

3. strcmp 函数

其函数原型为

```
int strcmp(char * str1,char * str2)
```

strcmp 的作用是比较字符串 str1 和字符串 str2。比较的结果是：若 str1=str2，则函数值为 0；若 str1>str2，则函数值为一正整数；若 str1<str2，则函数值为一负整数。

例如：

① char str1[10],str2[8]={"Hello"};

```
strcpy(str1,str2);
```

```
strcmp(str1,str2);
```

函数返回值为 0。

② strcmp("China","Japan");

函数返回值为负数。

4. strlen 函数

其函数原型为

```
unsigned int strlen (char * str)
```

strlen 是测试字符串长度的函数。函数的值为字符串 str 中字符的个数(不包括'\0'在内)。例如:

```
char s[10]={"Hello"};
printf("%d",strlen(str));
```

输出结果为 5。

也可以直接测试字符串常量的长度,如"strlen("Hello");"的输出结果为 5。

5.4.5 字符串应用举例

【例 5-20】 编写一个程序,输入一个字符串,并统计某字符在该字符串中出现的次数。

```
#include <stdio.h>
int main()
{
    char ch,str[50];
    int i,count=0;
    printf("please input a string:");
    gets(str);
    printf("\nEnter a character to retrieve:");
    ch = getchar();                  /* 输入想要检索的字符 */
    for(i = 0; str[i]! = '\0'; i++)
        if(str[i] == ch)
            count++;                 /* 出现检索字符时计数器加 1 */
    printf("The string of character %c Appeared %d times\n",ch, count);
    return 0;
}
```

该程序的运行结果为

```
please input a string:Changsha University ↙

Enter a character to retrieve:s ↙
The string of character s Appeared 2 times
```

通过本例,可以体会到前面我们所说的字符串结束标志'\0'的作用,在程序中通过判断

“str[i]!=\0”的结果控制逐个字符地读取字符串是否结束。

【例 5-21】 输入 3 个字符串,按由小到大的顺序输出。

```
#include <stdio.h>
#include <string.h>
#define LEN 30
int main()
{
    char str1[LEN], str2[LEN], str3[LEN];
    char p[LEN];

    printf("请输入 3 个字符串:\n");
    gets(str1);                          //使用 gets 函数输入 3 个字符串
    gets(str2);
    gets(str3);

    if(strcmp(str1, str2) > 0){          //如果 str1 比 str2 大,则交换 str1 与 str2
    strcpy(p, str1);
    strcpy(str1, str2);
    strcpy(str2, p);
    }
    if(strcmp(str1, str3) > 0){          //如果 str1 比 str3 大,则交换 str1 与 str3
    strcpy(p, str1);
    strcpy(str1, str3);
    strcpy(str3, p);
    }
    if(strcmp(str2, str3) > 0){          //如果 str2 比 str3 大,则交换 str2 与 str3
    strcpy(p, str2);
    strcpy(str2, str3);
    strcpy(str3, p);
    }
    printf("3 个字符串由小到大的顺序是:\n");
    printf("%s\n", str1);
    printf("%s\n", str2);
    printf("%s\n", str3);
    return 0;
}
```

该程序的运行结果为

```
请输入 3 个字符串:
man ↙
woman ↙
child ↙
3 个字符串由小到大的顺序是:
```

```
child
man
woman
```

第3节　应用实践

1. Arrays

将6个LED与Arduino数字端口相连,通过数组与循环使其按照一定的顺序闪烁。

```
int timer=100;                          //延时的初始化,值越大,时间越长
int ledPins[]={
  2, 6, 4, 7, 5, 3
};                                      //用一个数组来指定需要的引脚及顺序
int pinCount=6;                         //引脚的数量

void setup(){
                                        //将数组中每一个引脚初始化为输出
  for(int thisPin=0; thisPin<pinCount; thisPin++){
  pinMode(ledPins[thisPin], OUTPUT);
      }
}

void loop(){
                                        //从数组中最低位的引脚到最高位的引脚
  for(int thisPin=0; thisPin<pinCount; thisPin++){
digitalWrite(ledPins[thisPin], HIGH);   //将其电平置为高,从而打开LED
delay(timer);
digitalWrite(ledPins[thisPin], LOW);    //将其电平置为低,从而关闭LED
  }

  for(int thisPin=pinCount-1; thisPin>=0; thisPin--){
digitalWrite(ledPins[thisPin], HIGH);
delay(timer);
digitalWrite(ledPins[thisPin], LOW);
  }
}
/* 该段程序为6个LED循环往复闪烁。利用了数组选择LED对应的引脚号,从而使LED闪烁
   的顺序可以按自己的要求安排。 */
```

Arrays电路图如图5-4所示。

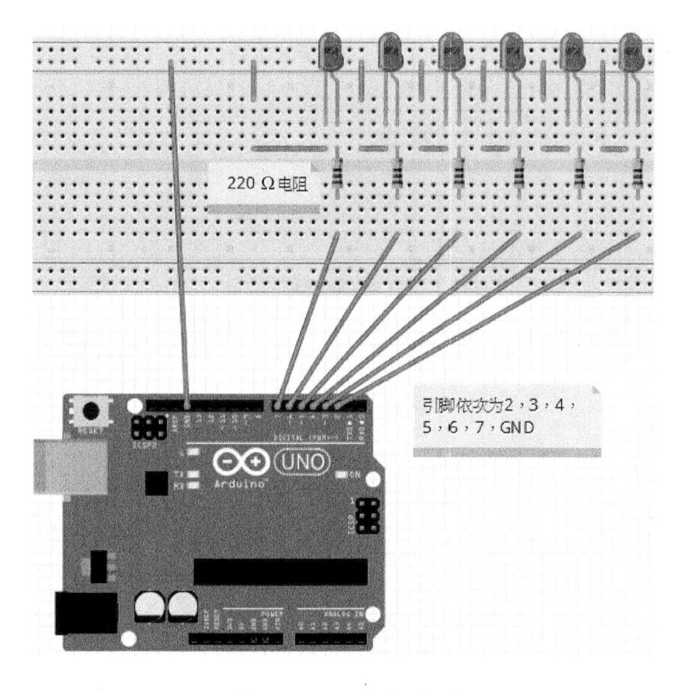

图 5-4　Arrays 电路图

2. LED bar graph

将电位计和 LED 与 Arduino 相连，通过电位计的变化来改变模拟数据进而改变 LED 的亮暗。

```
const int analogPin=A0;                //将 A0 设为模拟输入的引脚
const int ledCount=10;                 //LED 的数目
int ledPins[]={
  2, 3, 4, 5, 6, 7, 8, 9, 10, 11
};                                     //用一个数组来选择引脚号
void setup(){
//遍历引脚数组并且设置它们所有的输出
  for(int thisLed=0; thisLed<ledCount; thisLed++){
    pinMode(ledPins[thisLed], OUTPUT);
  }
}
void loop(){
//读取分压计的模拟数值并赋值给一个变量
  int sensorReading=analogRead(analogPin);
//将值从原来的 0~1023 的范围转换为 0~灯数目的范围
  intledLevel=map(sensorReading, 0, 1023, 0, ledCount);
//遍历 LED 阵列
  for(int thisLed=0; thisLed<ledCount; thisLed++){
  //如果数组元素的指数小于 ledLevel,将对应的引脚电平置为高,从而打开 LED
if(thisLed<ledLevel){
  digitalWrite(ledPins[thisLed], HIGH);
```

```
      }
      //关闭所有数组元素的指数高于 ledLevel 的 LED
      else{
        digitalWrite(ledPins[thisLed], LOW);
      }
    }
}
      /* 该段程序为利用分压计决定 LED 亮暗的个数 */
```

LED bar graph 电路图如图 5-5 所示。

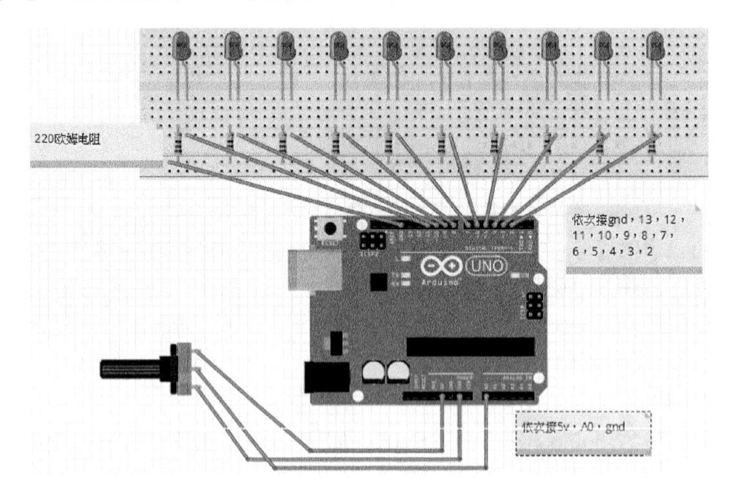

图 5-5　LED bar graph 电路图

第6章　指　　针

第1节　范例导学

【例 6-1】　整数的地址和指针。

变量 x,y,z 被说明为整型变量,变量 x 取值 200,y 取值 100。指针变量 p 被说明为整型,并将变量 z 的地址赋予 p。求 $x-y$ 并存储在 z 的地址内,显示变量 x,y,z 的地址及 p 的内容和地址。

【程序例】

```
#include <stdio.h>
int main()
{
    int x, y, z;
    int *p;                    /* 指针变量说明 */
    x = 200, y = 100;
    p = &z;                    /* 将 z 的地址赋给 p */
    *p = x - y;                /* 将 x-y 存储在 p 指向的地址 */
    printf("%d - %d = %d\n", x, y, *p);
    printf("0x%x, 0x%x, 0x%x, 0x%x, 0x%x\n",
        &x, &y, &z, p, &p);
    return 0;
}
```

【结果】

```
200 - 100 = 100
0x29ff0c, 0x29ff08, 0x29ff04, 0x29ff04, 0x29ff00
```

【说明】

① 程序中一旦进行变量的整型说明,如"int x, y, z;",则机器自动设置整型变量 x, y, z 的存储区域。每个整型变量占 4 个字节,如下所示。

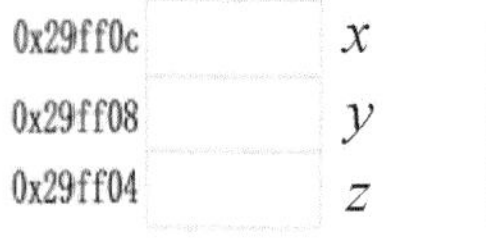

0x29ff0c		x
0x29ff08		y
0x29ff04		z

② 当 x=200，y =100 时，则分别存储在变量 x，y 的存储区，如下所示。

0x29ff0c	200	x
0x29ff08	100	y
0x29ff04		z

③ 为了便于了解存储区的位置，用"&x"表示变量 x 的地址，同理，"&y"则表示变量 y 的地址，"&z"表示变量 z 的地址。这样，用 printf 语句%d 格式表示 &x 时则显示变量 x 的地址。

这时，变量 x 的地址是 0x29ff0c，y 的地址是 0x29ff08，z 的地址是 0x29ff04，如下所示。

0x29ff0c	200	x
0x29ff08	100	y
0x29ff04	100	z

④ 变量 p 用于存放地址，如"p=&z"，则取变量 z 的地址，即 p 为 0x29ff04。这种存储地址的变量称为指针。指针变量 p 在进行"p=&z"操作之前，必须进行类型说明。本例中，p 指向地址的内容为整型因而用 int 型进行说明。例如：

```
int *p;
```

*p 表示指针变量 p 指向的整型数。

⑤ p 是地址，"*p"表示该地址的内容，"*p=x－y"表示将 $x-y$ 存储在 p 指向的地址内。

【例 6-2】 浮点数的地址和指针。

与例 6-1 一样，但变量 x 取 200.0，变量 y 取 100.0。

【程序例】

```
#include <stdio.h>
int main()
{
    float x, y, z;
    float *p;                    /*指针变量说明*/
    x = 200.0, y = 100.0;
    p = &z;                      /*将 z 的地址赋给 p*/
    *p = x - y;                  /*将 x-y 存储在 p 指向的地址*/
    printf("%f - %f = %f\n", x, y, *p);
    printf("0x%x, 0x%x, 0x%x, 0x%x, 0x%x\n",
        &x, &y, &z, p, &p);
    return 0;
}
```

【结果】

```
200.000000 - 100.000000 = 100.000000
```

```
0x29ff0c, 0x29ff08, 0x29ff04, 0x29ff04, 0x29ff00
```

【说明】

① 除类型变为 float 外,均与例 6-1 相同。

② 类型说明为

```
float *p;
```

说明指向的内容是浮点型数。

【例 6-3】 表示字符地址和指针。

变量 *a* 取字符'X',*p* 中存入变量 *a* 的地址。编写显示变量 *a* 的地址,以及 *p* 内容和 *p* 地址的程序。

【程序例】

```
#include<stdio.h>
int main()
{
    char a;
    char *p;            /*指针说明*/
    a = 'X';
    p = &a;             /*将变量 a 的地址赋给 p, b 的地址赋给 q*/
    printf("%c \n", *p);
    printf("0x%x, 0x%x, 0x%x\n",
        &a, p, &p);
    return 0;
}
```

【结果】

```
X
0x29ff0f, 0x29ff0f, 0x29ff08
```

【说明】

① 用“char a;”说明变量 *a* 为字符型变量,将字符'X'赋给 *a*。

② 将变量 *a* 的地址赋给指针 *p*,赋值前需要进行指针类型说明:

```
char *p;
```

③ “p=&a; ”表示将 *a* 的地址赋予 *p*。

④ 字符显示可用 printf 语句的%c 格式显示变量 *a* 的内容,也可以使用指针 *p 进行显示。

⑤ 存储器的内容显示如下,单个字符占用 1 个字节。

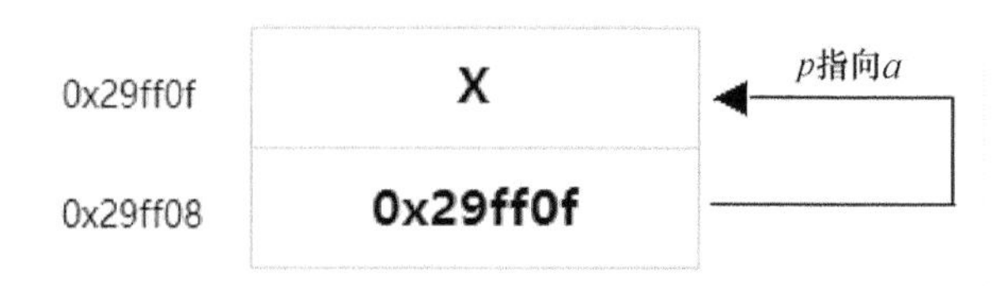

【例 6-4】 字符数组和指针。

用'C','C','S','U'对数组 *a* 进行初始化，设 *p* 为打头地址的指针，分别显示：

① 按顺序输出数组里的值。

② 输出 a[0]～a[3]的地址。

【程序例】

```
#include<stdio.h>
int main()
{
    char a[] = {'C', 'C', 'S', 'U'};
    char *p;                    /* 指针说明 */
    p = &a[0];                  /* 将数组 a 的首地址赋给 p */
    printf("%c\n", *p);
    printf("%c\n", *(p+1));
    printf("%c\n", *(p+2));
    printf("%c\n", *(p+3));
    printf("0x%x, 0x%x, 0x%x, 0x%x\n",
        &a[0], &a[1], &a[2], &a[3]);
    return 0;
}
```

【结果】

```
C
C
S
U
0x29ff08, 0x29ff09, 0x29ff0a, 0x29ff0b
```

【说明】

用'C','C','S','U'对数组 *a* 进行初始化，数组 *a* 的打头地址为 &a[0]，将 &a[0]赋予 *p*，如下所示。

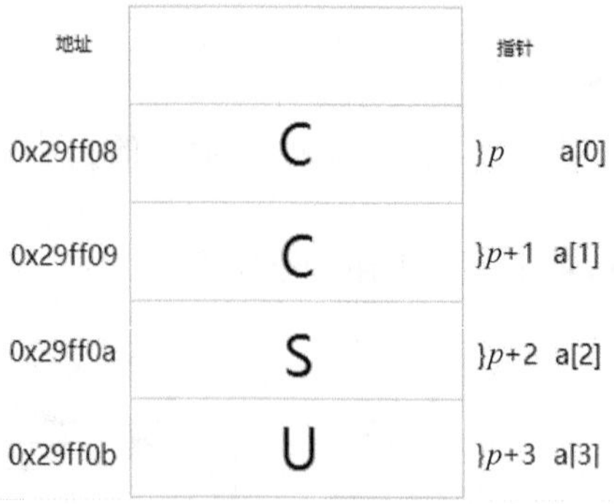

地址		指针
0x29ff08	C	}*p* a[0]
0x29ff09	C	}*p*+1 a[1]
0x29ff0a	S	}*p*+2 a[2]
0x29ff0b	U	}*p*+3 a[3]

【例 6-5】 字符串地址和指针。

使用指针将字符串"CCSU"赋给变量 *a*，然后进行如下操作。

① 输出首字符。

② 输出字符串。

③ 使用指针 p 输出字符串中的第 3 个字符，并输出字符串首地址、p 的地址和 p 指向的地址。

【程序例】

```
#include<stdio.h>
int main()
{
    char *a;
    char *p;                    /*指针说明*/
    a = "CCSU";
    p = a+2;                    /*将数组的第3个数组元素的地址赋给p*/
    printf("%c \n", *a);
    printf("%s \n", a);
    printf("%c \n", *p);
    printf("0x%x, 0x%x, 0x%x\n",
          a, &p, p);
    return 0;
}
```

【结果】

```
C
CCSU
S
0x403024, 0x29ff08, 0x403026
```

【说明】

① 将字符串"CCSU" 赋予指针变量 a，存储形式如下。

地址		指针
0x403024	C	}p a[0]
0x403025	C	}p+1 a[1]
0x403026	S	}p+2 a[2]
0x403027	U	}p+3 a[3]
0x403028	\0	}p+4 a[4]

② 取“p = a+2”，由于 a 是字符串首地址，为 0x403024，用%c 格式显示 *a 时则显示 a 的内容'C'；若用%s 格式显示 a 时，则从字符串首地址开始显示，直到碰到'\0'结束符，结束符不显示。用%c 格式显示 *p 时，由于“p=a+2”为 0x403026，则显示字符'S'。

【例 6-6】 数组地址和指针。

将 4,3,0,5,1 赋予数组 *a*,设 *p* 为 a[0]的指针,使用 *p* 输出首元素和尾元素,再输出数组内每个数组元素的地址和 *p* 的地址。

【程序例】

```
#include<stdio.h>
int main()
{
    int a[] = {4, 3, 0, 5, 1};
    int *p;                    /*指针说明*/
    p = &a[0];                 /*将数组a的首地址赋给p*/
    printf("%d\n", *p);
    printf("%d\n", *(p+4));
    printf("0x%x, 0x%x, 0x%x, 0x%x, 0x%x, 0x%x\n",
        &a[0], &a[1], &a[2], &a[3], &a[4], &p);
    return 0;
}
```

【结果】

```
4
1
0x29feec, 0x29fef0, 0x29fef4, 0x29fef8, 0x29fefc, 0x29fee8
```

【说明】

将 4,3,0,5,1 赋予 a[0]~a[4]时存储如下。

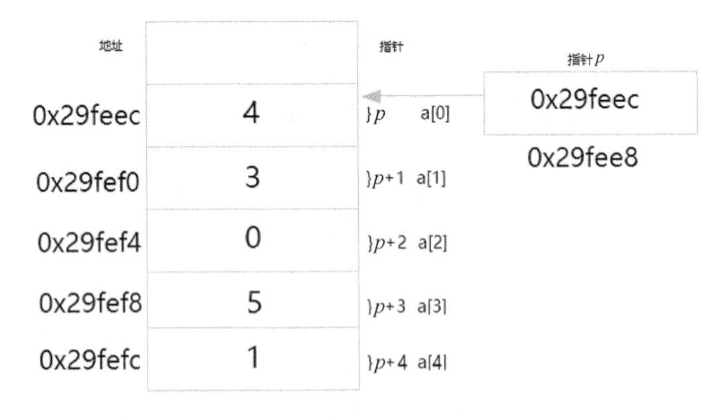

【例 6-7】 使用指向数组指针的字符串。

将下列数据赋予 * a[4],分别显示:

"One","Two","Three","Four"

① 输出 4 个字符串指针地址。

② 输出 4 个字符串首地址。

③ 输出 4 个字符串。

【程序例】

```
#include<stdio.h>
int main()
{
    char *a[4] = {"One", "Two", "Three", "Four"}; /* 指针数组的初始化 */
    printf("0x%x, 0x%x, 0x%x, 0x%x\n",           /* 输出字符串指针地址 */
           &a[0], &a[1], &a[2], &a[3]);
    printf("0x%x, 0x%x, 0x%x, 0x%x\n",           /* 输出字符串首地址 */
           a[0], a[1], a[2], a[3]);
    printf("%s, %s, %s, %s\n",                   /* 输出字符串 */
           *a, *(a+1), *(a+2), *(a+3));
    return 0;
}
```

【结果】

```
0x29fef0, 0x29fef4, 0x29fef8, 0x29fefc
0x40304c, 0x403050, 0x403054, 0x40305a
One, Two, Three, Four
```

【说明】

① 将 *a[4]用 4 个字符串初始化后，会从 a 的首地址开始存放'O','n','e','\0','T','w','o','\0','T','h','r','e','e','\0','F','o','u','r','\0'。

② *a[4]包括 4 个数组 a[0],a[1],a[2],a[3]，分别存放在各字符串的串首地址 0x40304c, 0x403050, 0x403054, 0x40305a，即分别是一个指针，各指针的存放地址为 &a[0]～&a[3]，分别为 0x29fef0, 0x29fef4, 0x29fef8, 0x29fefc。

③ 指定各字符串串首地址的指针之后，用%s 格式即可显示相应的字符串。

④ a[0]～a[3]为各字符串的串首字符地址，加 1 则成为指向第 2 个字符的指针。例如，*(a[0] + 1)则成为指向"One"第 2 个字符'n'的指针。

⑤ 如果用字符串数组方式，将字符串"One", "Two", "Three", "Four"做本例要求操作时，其参考程序如下。

```
#include<stdio.h>
int main()
{
    char a[][10] = {"One", "Two", "Three", "Four"}; /* 数组的初始化 */
    printf("0x%x, 0x%x, 0x%x, 0x%x\n",
        &a[0], &a[1], &a[2], &a[3]);
    printf("0x%x, 0x%x, 0x%x, 0x%x\n",
           a[0], a[1], a[2], a[3]);
    printf("%s, %s, %s, %s\n",
           *a, *(a+1), *(a+2), *(a+3));
    return 0;
}
```

【结果】

```
0x29fed8, 0x29fee2, 0x29feec, 0x29fef6
0x29fed8, 0x29fee2, 0x29feec, 0x29fef6
One, Two, Three, Four
```

【例 6-8】 复合指针。

将 * a[]用下列数据初始化以后，说明一个复合指针 x 使之指向 a 的首地址，输出 x 指向的字符串并使得 x 增加 1 之后，输出 * x 指向的字符串。

```
"One","Two","Three","Four"
```

【程序例】

```
#include<stdio.h>
int main()
{
    char *a[4] = {"One", "Two", "Three", "Four"}; /*指针数组的初始化*/
    char **x;
    x = a;
    printf("%s\n", *x);
    ++x;
    printf("%s\n", *x);
    return 0;
}
```

【结果】

```
One
Two
```

【说明】

① 用字符串将 * a[]初始化，a[0]～a[3]为存放各字符串串首地址的指针。

② 指向指针的指针由"char **x;"进行说明，生成指向 a[0]～a[3]内容的指针。

③ "x=a;"将数组的首地址赋给 x。

【例 6-9】 使用指针变量的字符串。

将"I am the sword master!"赋给变量并进行显示，要求使用指针。

【程序例】

```
#include<stdio.h>
int main()
{
    char *p;
    p = "I am the sword master!";
    printf("%s\n", p);
    return 0;
```

```
}
```

【结果】

```
I am the sword master!
```

【说明】

① 使用指针变量可将字符串赋予变量：

```
char *p;                          //指针变量类型说明
p = "I am the sword master!";     //赋值
printf("%s", p);                  //显示
```

“char *p;”说明字符串可以存储在 p 指向的地址内，这时 p 表示字符串的串首地址。

用“p="I am the sword master!";”自动将'I'存入首地址 p，' '存入 $p+1$，'a'存入 $p+2$，依次类推，最后加上一个结束符'\0'。

%s 格式显示从给出的地址开始到最后'\0'为止的字符串。

② 程序中用“char *p;”确保存储器中存放字符串串首地址 p，当字符串赋值时，则字符串依次存放在 p 打头的存储区中。

【例 6-10】 取出任意字符串。

编写将字符串"I am the sword master!"赋给变量后，取出"sword master!"的程序。

【程序例】

```
#include<stdio.h>
int main()
{
    char *p;
    p = "I am the sword master!";
    printf("%s\n", p+9);
    return 0;
}
```

【结果】

```
sword master!
```

【说明】

本程序为从字符串中取出从某个位置开始到字符串末尾为止的字符串。由指针 *(p+n)取出首地址为 p+n 的字符串。说明如下：

注意：n 含空字符在内。

【例 6-11】 字符串变量初始化和取单个字符。

与上例相同，编写在输入字符串后，取出"sword ma"部分字符串的程序。

【程序例】

```
#include<stdio.h>
int main()
{
```

```
    char *p;
    p = "I am the sword master!";
    printf("%c%c%c%c%c%c%c%c\n", *(p+9), *(p+10), *(p+11), *(p+12), *(p
          +13), *(p+14), *(p+15), *(p+16));
    return 0;
}
```

【结果】

```
sword ma
```

【说明】

① 本例也可以用“ char *p="字符串";”的形式同时进行指针变量类型说明和字符串赋值。

② 使用指针和%c 格式可从字符串中取出单个字符，*p 是 *p* 地址的内容。

【例 6-12】 使用指针变量的字符串。

将下列数据使用指针变量赋予数组并进行显示。

"One","Two","Three","Four"

【程序例】

```
#include<stdio.h>
int main()
{
    int i;
    char *a[4];
    a[0] = "One";
    a[1] = "Two";
    a[2] = "Three";
    a[3] = "Four";
    for (i = 0; i < 4; i++)
        printf("%s\n", *(a+i));
    return 0;
}
```

【结果】

```
One
Two
Three
Four
```

【说明】

① “char *a[4];”为指针字符型数组说明。设置 *a[0], *a[1],…, *a[3] 4 个区域并分别存入地址。

② 字符串赋值方法为

```
a[0] = "One";
a[1] = "Two";
a[2] = "Three";
a[3] = "Four";
```

③ 当 a[0]="One"时，a[0]的内容为'O'，a[0]+1 为'n'，a[0]+2 为'e'。

④ 用%s 显示从各字符串的串首地址 a[0]～a[3]指向的各个字符串。

【例 6-13】 指针数组变量的初始化。

将指针数组变量 * a[]用"One"，"Two"，"Three"，"Four"初始化并显示各字符串。

【程序例】

```
#include<stdio.h>
int main()
{
    int i;
    char *a[] = {"One", "Two", "Three", "Four"};
    for (i = 0; i < 4; i++)
        printf("%s\n", *(a+i));
    return 0;
}
```

【结果】

```
One
Two
Three
Four
```

【说明】

使用“char *a[]={"字符串","字符串",…};”将字符串分别赋予 a[0],a[1],a[2],a[3]。

【例 6-14】 输入字符串。

编写输入字符串并进行显示的程序。

【程序例】

```
#include<stdio.h>
int main()
{
    char *p;
    char a[10];
    p = a;
    scanf("%s", p);
    printf("%s", a);
    return 0;
}
```

【结果】

```
Hello ↙
Hello

Hello World ↙
Hello
```

【说明】

由键盘输入的时候，连续键入字符，按 Enter 键，则显示整个字符串；如中途按了空格键，则仅存储并显示空格以前的字符串(scanf 输入流遇到空格或换行就停止接收，没有读完的会进入缓存等待下次读取)。

【例 6-15】 限制字符串长度的字符串输入。

使用长度限制功能输入 5 个或 5 个以下字符，观察输出。

【程序例】

```
#include<stdio.h>
int main()
{
    char a[10];
    scanf("%5s", a);   /* 限制输入长度为 5 */
    printf("%s", a);
    return 0;
}
```

【结果】

```
123456789 ↙
12345

abcde ↙
abcde

abc ↙
abc
```

【说明】

输入时，在 5 个字符以下按 Enter 键是接收 5 个或是少于 5 个字符；6 个字符以上时仅前 5 个有效；中途按空格键时空格键前的字符有效。

【例 6-16】 使用指针变量实现上例功能。

【程序例】

```
#include<stdio.h>
int main()
{
    char a[10];
    char *p;            /* 说明字符指针 */
    p = a;
```

```
    scanf("%5s", p);   /* 限制输入长度为 5 */
    printf("%s", p);
    return 0;
}
```

【结果】

```
123456789 ↙
12345

abcde ↙
abcde

abc ↙
abc
```

【例 6-17】 用数组输入多个字符串。

编写输入 3 个字符串并显示的程序。

【程序例】

```
#include<stdio.h>
int main()
{
    int i;
    char a[3][10];
    /* 输入 3 个字符串 */
    for (i = 0; i < 3; i++)
        scanf("%s", &a[i]);
    for (i = 0; i < 3; i++)
        printf("%s\n", a[i]);
    return 0;
}
```

【结果】

```
book ↙
foot ↙
rail ↙

book
foot
rail
```

【说明】

① 预备一个数组 a[3][10]存储所输入的字符串，并以 a[0]，a[1]，a[2]为串首地址。

② 用循环输入将字符串存入以 a[0]，a[1]，a[2]为串首地址的存储器中。

【例 6-18】 使用指针变量实现上例功能。

【程序例】

```
#include<stdio.h>
int main()
{
    int i;
    char a[3][10];
    char (*p)[3];
    p = a;
    /* 输入3个字符串 */
    for (i = 0; i < 3; i++)
        scanf("%s", p[i]);
    for (i = 0; i < 3; i++)
        printf("%s\n", p[i]);
    return 0;
}
```

【结果】

```
notebook ↙
church ↙
desk ↙

notebook
church
desk
```

第2节　知识详解

6.1　指针的定义与运算

程序的数据存放在内存中。内存中的数据以字节为存储单元，每个存储单元有一个编号，称为内存地址。程序通过内存地址读写存储单元中的数据。

给定一个内存地址，该内存地址代表内存中数据的起始位置。因为不同的数据类型所占用的存储单元数不等(例如，短整型占2个字节，浮点型占4个字节)，读取多少个连续的存储单元取决于数据的数据类型。也就是说，如果读取短整型则连续读2个字节，如果读取浮点型则连续读取4个字节。

指定了数据类型的地址称为指针。一个变量的地址是该变量的指针，一个常量的地址是该常量的指针，一个函数的地址是该函数的指针。对于变量而言，指针的值说明了存放变量位置的起始地址，而指针类型说明了访问(读写)该指针所指向的变量时的读取字节数。存放指针的变量称为指针变量，如图6-1所示。指针变量 p 保存了5的地址，若5的存储空间命名为 a，则可以说 p 指向 a。也可以说，p 保存了 a 的地址，或者说 p 的值为 a 的地址，即0x28feec。

这里有几点需要说明。

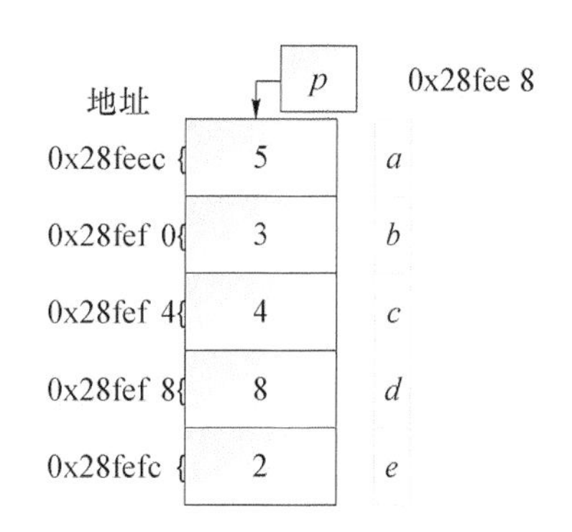

图 6-1 指针变量存储示意图

① p 的值是什么? p 的值是 0x28feec,也就是 a 的地址。

② a 的值是什么? a 的值是 5。如果 a 是变量,那么这个值是可以改变的。

③ p 的地址是什么? p 虽然是指针类型的变量,但也有自己的地址,地址为 0x28fee8。

④ a 的地址是什么? a 的地址是 0x28feec,也就是 p 的值。

变量 a 是通过变量名直接访问的,称为直接访问(如 $a=5$)。其实,变量名只是方便程序员记忆地址的一个外号,直接访问时编译器会直接把变量名映射为地址。因为指针变量 p 存放了变量 a 的地址,所以用 p 也可以访问变量 a,这种访问分两步进行:第一步用指针变量名 p 获取变量 a 的地址,第二步用该地址访问 a 的值。这种通过一个指针变量访问另一个变量值的方式称作间接访问。

指针变量就是地址变量,指针变量的值是地址(注意,这个地址是首地址)。当然,指针也可以用常量的形式来存储,这样的常量称为指针常量,指针常量就是地址常量。指针变量与指针常量也有数据类型,即指针类型。指针类型是一种通过地址建立某种指向关系的自定义数据类型。

6.1.1 指针变量的定义

定义指针变量的一般形式为

```
数据类型名 * 指针变量名;                          /* 定义指针变量 */
数据类型名 * 指针变量名1, * 指针变量名2,…;      /* 定义多个指针变量 */
```

例如:

```
int * p1;                /* 定义指针变量 p1,p1 可以指向整型变量 */
float * p2;              /* 定义指针变量 p2,p2 可以指向浮点型变量 */
char * p3, * p4, * p5;   /* p3,p4,p5 是指向字符型变量的指针变量 */
```

运算符"*"说明该变量是一个指针变量;"数据类型名 *"表示这是一个指针类型,数据类型名表示该指针变量所指向的变量或常量的数据类型。应该注意的是,一个指针变量只能指向同一数据类型的变量或常量。在上面语句中,p1 的类型为 int 型,只能指向 int 型的变量或常量。第 2 个要注意的是,定义指针变量时,并没有给它赋值,所以,它的指向不确定,这样的指针称为悬挂指针。

给指针变量赋值有两种方法,一种方法是在定义指针变量的同时初始化赋值,一般形式为

```
数据类型名 * 指针变量名=地址表达式;  /*定义单个指针变量并初始化赋值 */
数据类型名 * 指针变量名1=地址表达式1, * 指针变量名2=地址表达式2,…;
```

/* 定义多个指针变量并初始化赋值 */

例如：

```
int a=10;                          /* 定义整型变量 */
float x=10.9f,y=20.2f;             /* 定义浮点型变量 */
int * pa=&a;                       /* 定义指针变量 pa,pa 指向整型变量 a */
float * px=&x, * py=&y;            /* px 和 py 分别是指向 x 和 y 的指针变量 */
```

“&a”表示取变量 a 的地址。同样，“&x”和“&y”分别表示取变量 x 和变量 y 的地址。地址表达式的值可以是变量地址，也可以是 const 常量地址。定义指针变量时，系统为其分配内存并存储地址表达式的值，使之指向地址表达式所代表的变量或常量。

书写指针变量定义语句时，“ * ”的前面或后面可以加空格，也可以不加空格。这里特别提醒大家注意，“int * a,b;”或者“float * x,y;”的定义只说明变量 a 或者 x 是指针类型，而不是说明 b 或者 y 也是指针类型，变量 b 是整型，而 y 是浮点型。

给指针变量赋值的另一个方法是，先定义指针变量，之后单独使用赋值语句赋值。例如：

```
int b=8;              /* 定义整型变量 b */
const char c='Y';     /* 定义字符型常量 c */
int * pb;             /* 声明整型指针变量 pb,指针类型为 int 型      */
char * pc;            /* 声明字符型指针变量 pc,指针类型为 char 型 */
pb=&b;                /* 初始化 pb,使 pb 指向变量 b */
pc=&c;                /* 初始化 pc,使 pc 指向常量 c */
```

注意区分指针类型和指针所指向的数据类型(简称为指向类型)。在指针声明语句中，去掉指针变量名，得到指针类型；去掉“ * ”和指针变量名，得到指针指向类型。例如：

```
int * pb;            //指针类型为 int 型,指向类型为 int 型
char * pc;           //指针类型为 char 型,指向类型为 char 型
```

【例 6-19】 定义 short 型指针变量，打印其地址、值和指向值。

```
#include <stdio.h>
int main()
{
  short a=0x31;
  short b=0x1949;
  short * p=&a;   /* 定义指针变量 p */
  printf("&a:0x%08x, &b:0x%08x, &p:0x%08x\n",&a,&b,&p);
  printf("a:0x%x, b:0x%x, p:0x%x, * p:0x%x\n",a,b,p, * p);
}
```

该程序的运行结果如图 6-2 所示。

```
&a:0x0023fe4e, &b:0x0023fe4c, &p:0x0023fe40
a:0x31, b:0x1949, p:0x23fe4e, *p:0x31

--------------------------------
Process exited after 0.004222 seconds with return value 0
请按任意键继续. . .
```

图 6-2　例 6-19 程序的运行结果

6.1.2 指针的运算

指针有两个重要运算符，一个是取地址运算符“&”，另一个是间接引用运算符“*”。

1. 取地址运算符“&”

取地址运算符“&”是一元运算符，它返回操作数的地址。“&”的操作数可以是变量、常量或函数，但不能是符号常量或没有分配内存的常数(这类常数称为立即数)。例如：

```
const double pi=3.1415926;
double *ptr;
ptr=&pi;            /* 取常量 pi 的地址,赋给指针变量 ptr */
ptr=&123            /* 错误,123 是常数,没有分配内存 */
ptr=&(&pi)          /* 错误,&pi 是地址常数,没有分配内存 */
```

2. 间接引用运算符“*”

间接引用运算符“*”是一元运算符，它返回操作数所指向对象(变量、常量或函数)的值。“*”的操作数为地址表达式(指针表达式)。例如：

```
const double pi=3.1415926;
double *ptr=&pi;              /* 取常量 pi 的地址赋给指针变量 ptr */
printf("%f\n",*ptr);          /* 间接引用 ptr 所指向的常量 pi */
```

需要引起特别注意的是，指针在使用前，必须初始化，否则会引起访问未知内存错。

在某些嵌入式程序设计中，可能把整型常量作为间接引用运算符的操作数。下面的例子合法，但不推荐采用，除非非常熟悉内存配置。例如：

```
int x=*(int *)0x12ff83;              /* 用整数表示的地址 */
```

运算符“&”和“*”的优先级相同，与运算符负号(—)相当。

运算符“&”和“*”互为逆运算，当它们在一起共同作用于一个操作数时，每一对相互抵消。例如：

```
int row=800;
int *pr=&row;
printf("%d,%d,%d,%d\n",pr,*&pr,&*pr);           /*结果都为 row 的地址*/
```

上述“*&pr”表示先取 pr 的地址，再间接取该地址的指向值，结果为 pr 的值；而“&*pr”是先间接取 pr 指向值，再取该值的地址，结果还是 pr 的值。以后遇到上述情况，简单的处理方法是“&”和“*”相互抵消。对于“*&pr”，抵消后得 pr；对于“&*pr”，抵消后也得 pr。

【例 6-20】 进一步理解变量地址、指针变量地址、指针变量值、指针变量指向值。

```
#include<stdio.h>
int main()
{
```

```
    int a = 110;
    int * p = &a;  /* 说明整型指针指向变量 a */
    printf("a 的地址:0x%x\n", &a);
    printf("a 地址存的值:%d\n", a);
    printf("p 的地址:0x%x\n", &p);
    printf("p 地址存的值:0x%x\n", p);
    printf("p 指针指向值:%d\n", * p);
    return 0;
}
```

该程序的运行结果如图 6-3 所示。

```
a的地址:0x29ff0c
a地址存的值:110
p的地址:0x29ff08
p地址存的值:0x29ff0c
p指针指向值:110

Process returned 0 (0x0)   execution time : 0.016 s
Press any key to continue.
```

图 6-3 例 6-20 程序的运行结果

【说明】

① 变量地址为变量在存储器中的物理地址。

② 指针变量地址为指针变量在存储器中的物理地址。

③ 指针变量值为指针变量地址内存储的内容，通常为所指向的变量地址。

④ 指针变量指向值为指针变量所指向地址的值。

【例 6-21】 引用没有初始化的指针变量，程序运行时会产生异常。

```
#include<stdio.h>
int * gblp;        /* 说明全局指针变量,全局指针变量会被自动初始化为 0,不指向任何地方 */
int main()
{
    int x, y;
    int * locp;    /* 说明局部指针变量,局部指针变量在被说明时不会被自动初始化,其指向不
                      确定 */
    printf("0x%x 0x%x\n", gblp, locp);
    x = * gblp;  /* 在指针不指向任何地方或者指向不确定的时候使用指针,都有可能被操作
                      系统拒绝并提示错误信息 */
    y = * locp;
    return 0;
}
```

该程序的运行结果如图 6-4 所示，Windows 系统弹出对话框告知用户程序异常。

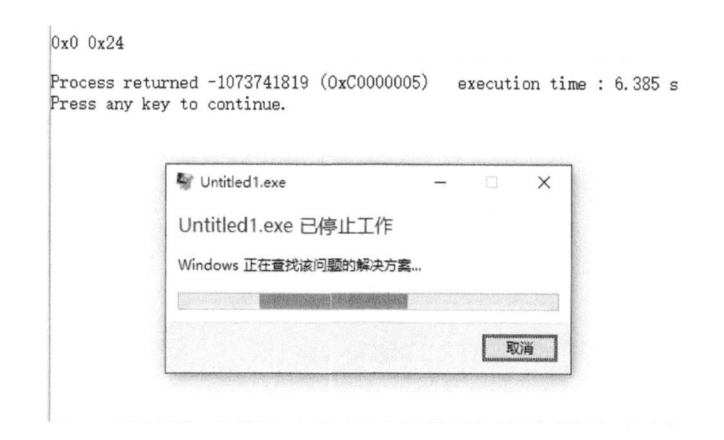

图 6-4　例 6-21 程序的运行结果

3. 指针的赋值运算

给指针变量赋的值必须是与指针类型相同的地址常量或地址变量。常见的情形有以下几种。

① 将变量地址赋给同类型的指针变量。

② 将常量地址赋给同类型的指针变量。

③ 将指针变量赋给同类型的另一指针变量。

④ 将数组的地址赋给同类型的指针变量。

例如：

```
int a, b, c[10], *pa, *pb;
const short d=1234, *pd;
pa=&a;                /*将变量地址赋给同类型的指针变量*/
pb=pa;                /*将指针变量赋给同类型的另一指针变量*/
pa=&c[0];             /*将数组的地址赋给同类型的指针变量*/
pd=&d;                /*将常量地址赋给同类型的指针变量*/
```

指针赋值时，若值的类型与指针类型不同，则要进行强制类型转换。例如：

```
char *p;
int a, *pa; pa=&a;
p=(char *)pa;  /*pa与p类型不同，强制转换为指针类型*/
```

指针变量可以被赋值为 NULL。NULL 是空指针值，表示不指向任何地方。在很多系统中，NULL 的值为 0 或(void *)0。因为不同的编译器定义的 NULL 值可能不同，所以不建议直接给指针变量赋 0 值，也不要间接引用值为 NULL 的指针变量值。例如：

```
double *pd=NULL;      /*将空指针值赋值给pd*/
double *pd2=0;        /*合法，但不建议*/
```

void 型指针变量的指向类型为空，意思是指向类型不确定。任何类型的地址都可以赋值给 void 型指针变量，赋值时该地址被自动转换为 void 型。因为 void 型指针变量的指向类型不确定，所以不能间接引用 void 型指针变量值。它的用处是在使用时确定数据类型后再赋给其他指针变量，因此，将 void 型指针变量赋给其他数据类型的指针变量时要强制转换指针类型。例如：

```
#include<stdio.h>
int main()
{
    int x=10, *ip;
    void *vp;
    vp=&x;                  /*正确，自动转换为 void 型*/
    ip=vp;                  /*错误！须强制转换*/
    ip=(int *)vp;           /*正确*/
    printf("%d\n", *vp);    /*错误！不能间接引用 vp*/
    printf("%d\n", *ip);    /*正确*/
}
```

4. 指针的算术运算

指针的算术运算只有加和减。指针变量 p 加上一个正整数 n，其运算结果是指针向前移动 n 个数据单位；指针变量 p 减去一个正整数 n，其运算结果是指针向后移动 n 个数据单位。每个数据单位的大小等于指针变量 p 指向的数据类型的大小。设指针变量 p 指向的数据类型为 T，则"p±n;"的运算结果为"p±n * sizeof(T)"或"p±n * sizeof(* p)"，如图 6-5 所示。

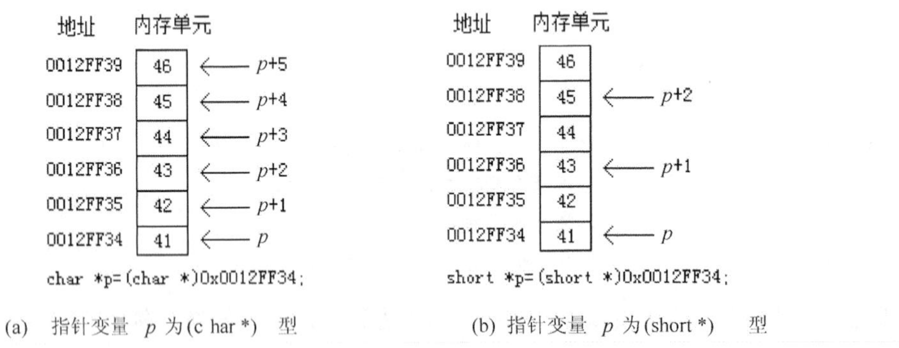

图 6-5 指针加法运算示意图

从数值上来看，指针变量 p 加、减 n，不是加、减 n 个字节，而是加、减 n 个数据类型大小的字节。

【例 6-22】 观察不同类型指针变量加 1 后所指向的地址。

```
#include<stdio.h>
int main()
{
    int i = 1;
    int *ip = &i;
    char c = 'A';
    char *cp = &c;
```

```
    printf("整型指针:");
    printf("    ip = 0x%x    ", ip);
    printf("ip+1 = 0x%x\n", ip+1);
    printf("字符型指针:");
    printf(" cp = 0x%x    ", cp);
    printf("cp+1 = 0x%x\n", cp+1);
    return 0;
}
```

该程序的运行结果如图 6-6 所示。

```
整型指针:   ip = 0x29ff04  ip+1 = 0x29ff08
字符型指针: cp = 0x29ff03  cp+1 = 0x29ff04

Process returned 0 (0x0)   execution time : 0.000 s
Press any key to continue.
```

图 6-6　例 6-22 程序的运行结果

【说明】

指针变量 p 前自增运算"++p"或后自增运算"p++",表示指针向前移动一个数据单位;指针变量 p 前自减运算"--p"或后自减运算"p--",表示指针向后移动一个数据单位。

【例 6-23】　观察指针变量加、减运算的结果。

```
#include<stdio.h>
int main()
{
    int x[4];
    char y[4];
    int *ip1, *ip2;
    char *cp1, *cp2;
    ip1 = &x[0], ip2 = &x[3];
    cp1 = &y[0], cp2 = &y[3];
    printf("ip1 = 0x%x\nip2 = 0x%x\nip2 - ip1 = %d\n",ip1, ip2, ip2 - ip1);
    printf("\ncp1 = 0x%x\ncp2 = 0x%x\ncp2 - cp1 = %d\n",cp1, cp2, cp2 - cp1);
    return 0;
}
```

该程序的运行结果如图 6-7 所示。

```
ip1 = 0x29fef0
ip2 = 0x29fefc
ip2 - ip1 = 3

cp1 = 0x29feec
cp2 = 0x29feef
cp2 - cp1 = 3

Process returned 0 (0x0)   execution time : 0.000 s
Press any key to continue.
```

图 6-7　例 6-23 程序的运行结果

【说明】

指针变量 p2－p1，求出的是两指针指向位置之间的数据单位个数，而不是两指针所指向对象的地址值之差。p2－p1 的运算结果为“(p2 的值－p1 的值)/sizeof(* p1)”。

【例 6-24】 打印整型变量每个字节的值。

```
#include<stdio.h>
int intbytes(int x)                              /* 用指针实现 */
{
    char *p=(char *)&x;
    //注意传参数进来的是 int 型，但是 p 是 char 型指针，所以 p++每次只加一个字节
    printf("%X,", (int) *p++);                   /* byte 1 */
    printf("%X,", (int) *p++);                   /* byte 2 */
    printf("%X,", (int) *p++);                   /* byte 3 */
    printf("%X\n", (int) *p++);                  /* byte 4 */
}
void intbytes2(int x)                            /* 用位运算实现 */
{
    int y;
    y=x&0xff;   printf("%X,", y);                /* byte 1 */
    y=(x>>8)&0xff;   printf("%X, ", y);          /* byte 2 */
    y=(x>>16)&0xff; printf("%X,", y);            /* byte 3 */
    y=(x>>24)&0xff; printf("%X\n", y);           /* byte 4 */
}
int main()
{
    const int n=0x12345678;
    printf("n==0x%08X\n",n);
    intbytes(n);
    intbytes2(n);
}
```

该程序的运行结果如图 6-8 所示。

```
n==0x12345678
78, 56, 34, 12
78, 56, 34, 12

--------------------------------
Process exited after 0.009385 seconds with return value 0
请按任意键继续. . .
```

图 6-8　例 6-24 程序的运行结果

5. 指针变量的关系运算

两个相同类型的指针可以进行==，!=，>，<，>=，<=关系运算。指针的关系运算反映两指针指向地址之间位置的前后关系。例如：

```
int a[10], *p1, *p2, *p3;
p1=&a[0]; p2=&a[4]; p3=p2;
p2>p1;          /* 表示 p2 在 p1 所指位置之后 */
P2==p3;         /* 表示 p2 和 p3 指向同一位置 */
```

指针经常与 NULL 或 0 进行==或!=关系运算，用于判断指针是否为空指针。例如：

```
char str[32]="Software Outsourcing";
char *ps=&str[0];
while(*ps != NULL) printf("%c", *ps++);        /* 用!=判断是否为空指针 */
```

6.2 const 限定指针

声明指针时，可以使用 const 限制对指针的修改或限制对其指向对象的修改。有下面 3 种形式(以 int 型为例)。

```
const int *p;          //称为常量指针，指针 p 是变量，p 指向的对象是常量(不可修改)
int * const p;         //称为指针常量，指针 p 是常量(不可修改)，p 指向的对象是变量
const int * const p;   //称为常量指针常量，指针 p 及其指向的对象都是常量(不可修改)
```

上述声明语句可以这样理解，(int *)表示指向整型，(const int *)表示指向整型常量，而(const p)表示 p 是常量。

【例 6-25】 使用 const 保护函数实参不被修改。

```
#include <stdio.h>
int main(){
int p=10;
int q=9;
int * const a=&p;
const int *b =&p;
printf("%d\n", *a);
//  a=&q;          //改变 a 指针变量，因为 a 是指针常量，非法，编译不能通过
*a=8;              //改变 a 指针指向的内容，因为 a 是指针常量，合法
b=&q;
//  *b=8;
printf("%d\n%d\n", *a, *b);
}
```

6.3 动态内存分配

6.3.1 什么是动态内存分配

声明变量或常量时，系统会为该变量或常量分配相应大小的内存空间，其空间大小是在编译时确定的，在程序运行过程中该空间大小不能改变。这种分配方式称为静态内存分配。每

声明一个变量,就为该变量静态分配内存空间。

静态分配内存空间在某些时候会显现其缺陷。例如,声明存放姓名的字符串变量"char name[16];",该语句分配 16 个字节的内存空间,不管实际姓名有多大,name 始终都占用 16 个字节的内存空间。假设实际姓名只有 6 个字符(另外加一个字符串结束符),则会浪费 9 个字节的内存空间。如果声明语句只声明 7 个字节的内存空间,则姓名有 8 个字符时就无法存放。如果实际数据的大小不可预知,则静态内存分配可能造成内存空间的浪费。

内存中剩余的自由存储区称为堆内存。堆内存允许在程序运行时(而不是在编译时),根据需要动态申请某个大小的内存空间。在程序运行过程中动态申请堆内存而被分配相应的内存空间,称为动态内存分配。动态内存分配的空间大小是根据需要动态申请的,需要多少就分配多少,随时申请就随时分配,适合数据的大小不可预知的场合。

动态分配的内存空间在使用完以后要及时释放。释放后,该内存空间可以被再分配。若使用后不释放,可能会使堆内存越来越少,直至枯竭,从而导致系统无法正常工作。这种情况通常称为内存泄露。

6.3.2 使用函数动态分配内存

分配内存使用函数 malloc,释放内存使用函数 free。函数原型分别为

```
#include <stdlib.h> 或<alloc.h>
void * malloc(unsigned size);    /* 分配 size 字节内存空间。若分配成功,则返回该内存空间首
                                    地址;若分配失败,则返回 NULL */
void free(void * p);             /* 释放指针 p 所指向的内存 */
```

将 void 型指针赋给其他指针变量时,要强制转换为指针类型。例如:

```
char *name=(char *)malloc(sizeof("爱迪生")); /* 分配内存空间 */
free(name);                                 /* 这条语句释放 name 指向的内存空间 */
```

又如:

```
int *pid=(int *)malloc(1024);
```

这条语句定义整型指针 pid,分配 1 024 个字节的内存空间,指针 pid 指向该内存空间,如图 6-9 所示。

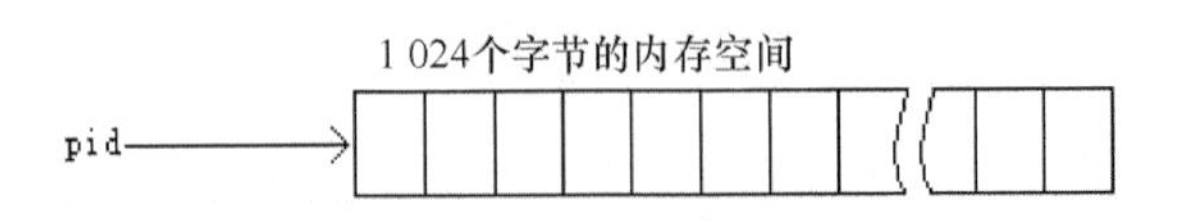

图 6-9 动态内存分配示意图

注意: 图中指针 pid 本身要占用内存空间(图中未画出),用来存放 1 024 个字节的内存空间的首地址。此外,上述语句可读性不好,可改为下列等价的语句。

```
int *pid=(int *)malloc(sizeof(int) * 256);
```

【例 6-26】 随机给定整数 n,从键盘一次性输入 n 个整数,求此 n 个数的和。

```
#include<stdio.h>
```

```
#include<stdlib.h>
int main()
{
    int n, i, sum, *p =NULL;
    sum = 0;                                          /* 注意将 sum 初始化 */
    scanf("%d", &n);
    if ((p = (int *)malloc(n * (sizeof(int)))) == NULL)   /* 分配内存空间,分配时应判断
                                                             是否分配成功,分配失败时会
                                                             返回一个空指针,即 NULL
                                                             值 */
    {
        printf("cant allocate more memory. \n");
        return 1;
    }
    for (i = 0; i < n; i++)
        scanf("%d", &p[i]);
    for (i = 0; i < n; i++)
        sum += p[i];
    printf("sum = %d\n", sum);
    free(p);              /* 使用完后记得释放已分配的内存空间 */
    return 0;
}
```

该程序的运行结果如图 6-10 所示。

```
5
1 2 3 4 5
sum = 15

Process returned 0 (0x0)   execution time : 4.729 s
Press any key to continue.
```

图 6-10　例 6-26 程序的运行结果

6.3.3　使用 C++运算符动态分配内存

C++使用 new 运算符动态分配内存,使用 delete 运算符释放动态分配的内存。例如:

```
int *pi=new int;
```

这条语句定义整型指针 pi,分配一个 int 型大小的内存空间,用该内存空间的首地址初始化 pi,使 pi 指向该内存空间。又如:

```
double *dlt=new double;     /* 动态分配一个 double 型内存空间,dlt 指向该内存空间 */
float *px=new float;        /* 动态分配一个 float 型内存空间,px 指向该内存空间 */
int *score=new int[10];     /* 动态创建 int 型数组,score 指向该数组 */
delete dlt,px;              /* 删除(也叫释放)dlt 和 px 指向的内存空间 */
delete [] score;            /* 删除动态分配的数组,注意[]的写法 */
```

```
char * ps=new char[28];          /* 动态分配字符数组空间,ps 指向该空间 */
delete [] ps;                    /* 删除 ps 指向的字符数组空间 */
```

【例 6-27】 使用 C++语句完成例 6-26。

```
#include<stdio.h>
#include<stdlib.h>
int main()
{
    int n, i, sum, *p =NULL;
    sum = 0;                        /* 注意将 sum 初始化 */
    scanf("%d", &n);
    if ((p = new int[n]) == NULL) /* 分配内存空间,分配时应判断是否分配成功,分配失败
                                      时会返回一个空指针,即 NULL 值 */
    {
        printf("cant allocate more memory. \n");
        return 1;
    }
    for (i = 0; i < n; i++)
        scanf("%d", &p[i]);
    for (i = 0; i < n; i++)
        sum += p[i];
    printf("sum = %d\n", sum);
    delete[] p;                     /* 使用完后记得释放已分配的内存空间 */
    return 0;
}
```

【说明】

谨记分配内存空间后,应释放不再使用的内存空间,malloc 的用 free 释放,new 的用 delete 释放,new[]的用 delete[]释放。

6.4 指针与数组

一个数组包含若干数组元素,这若干数组元素占据一片连续的内存空间。当使用语句“int x[10]={3};”定义数组时,编译器为该数组分配 10 个 sizeof(int)大小的内存空间,把 3,0,…,0 这 10 个整数存入该内存空间。这片内存空间被命名为 x,数组名 x 代表这片内存空间的首地址。数组的每个数组元素都有相应的地址。例如,&x[0]表示取第 1 个数组元素的地址,&x[1]表示取第 2 个数组元素的地址。要注意的是,虽然 x 代表的地址和 x[0]的地址在数值上相等,但意义完全不同,前者代表整个数组的首地址,后者只代表第一个数组元素的首地址。

既然数组和数组元素都有相应的地址,当然可以用指针变量指向该地址。当指针变量指向数组或数组元素时,使用指针可以访问数组元素。

6.4.1 指针与一维数组

数组名代表整个数组所占内存空间的首地址,数组名可以直接赋值给同类型的指针变量。例如:

```
int  height[30]={178,165,173,175,160};
int *pha=height;          /* 用数组名初始化指针变量,使 pha 指向数组 height */
int *phb=&height;         /* 与上一句等价 */
int *phc=&height[0];      /* phc 指向数组元素 height[0]  */
```

注意:在上述例句中,height,&height,&height[0]三者的值相等。

通过指针引用数组元素,先让指针加或减一个整数,使之指向指定的数组元素,再间接引用指针指向的数组元素,该方法称为指针法访问。若指针变量 p 指向同类型数组 x,则"*(p+n)"引用的数组元素是 x[n]。例如:

```
int  height[30]={178,165,173,175,160};
int *pha=height;              /* pha 指向数组 height */
printf("%d\n", *(pha+2) ); /* 引用数组元素 height[2],打印结果为 173 */
```

事实上,当用下标访问数组元素 height[2]时,编译器先取 height 的地址值加上中括号中两个元素的偏移量,计算出新的地址,然后用新地址值引用数组元素值。也就是说,以下标的形式访问在本质上与以指针的形式访问没有区别,都是间接访问,只是写法上不同而已。所以,使用指针变量或数组名访问数组元素,可以使用下标法,也可以使用指针法,二者可以互换使用。例如:

```
int a[100],n=3;
int *p=a;
*(p+n), p[n], *(a+n), a[n];          /* 四者等价,都是引用元素 a[n] */
```

如图 6-11 所示。

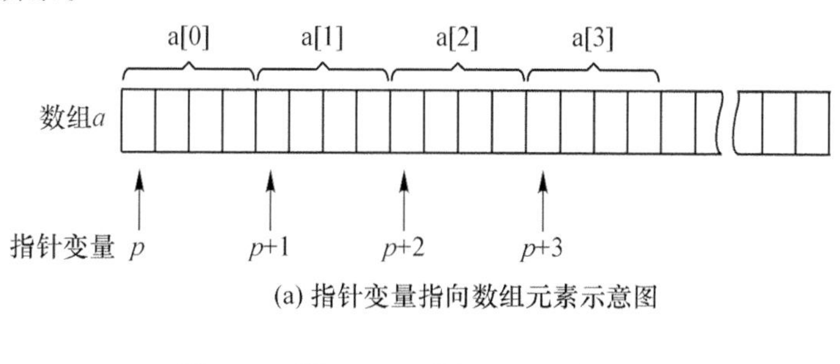

(a) 指针变量指向数组元素示意图

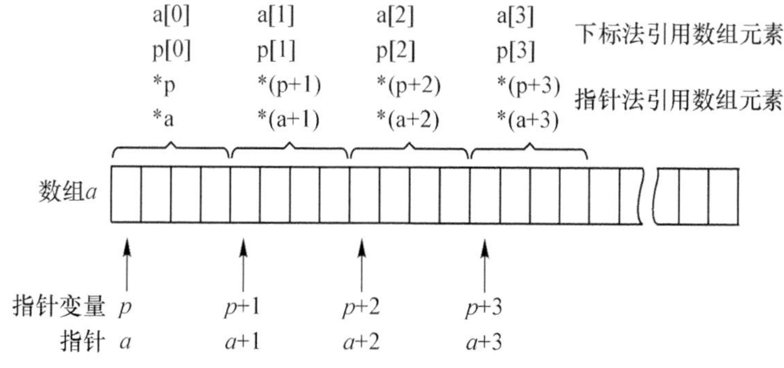

(b) 利用下标法和指针法访问数组元素示意图

图 6-11　使用指针引用数组元素

【例 6-28】 使用指针变量访问数组元素，并实现累加求和。

```
#include<stdio.h>
#include<stdlib.h>
int main()
{
    int n, i, sum, *p =NULL;
    sum = 0;                    /* 注意将 sum 初始化 */
    scanf("%d", &n);
    if ((p = (int *)malloc(n * (sizeof(int)))) == NULL)   /* 分配内存空间，分配时应判断
                                                             是否分配成功，分配失败时会
                                                             返回一个空指针，即 NULL
                                                             值 */
    {
        printf("cant allocate more memory. \n");
        return 1;
    }
    for (i = 0; i < n; i++)
        scanf("%d", (p+i));
    for (i = 0; i < n; i++)
        sum += *(p+i);
    printf("sum = %d\n", sum);
    free(p);                   /* 使用完后记得释放 */
    return 0;
}
```

该程序的运行结果如图 6-12 所示。

```
10
1
2
3
4
5
6
7
8
9
10
sum = 55

Process returned 0 (0x0)   execution time : 7.145 s
Press any key to continue.
```

图 6-12　例 6-28 程序的运行结果

6.4.2　指针与二维数组

二维数组的每一行是一个一维数组。设有一个二维数组 a，定义如下。

```
int a[][4]={
    {11,12,13,14},
    {21,22,23,24},
    {31,32,33,34}
};                /* 3 行 4 列二维整型数组 */
```

上述二维数组 *a* 的第 1 行就是一维数组 a[0]，第 2 行为 a[1]，第 3 行为 a[2]，如图 6-13 所示。a[0]代表第 1 行的首地址，即 a[0]指向第 1 行。可以用下标法 a[0][j]访问第 1 行的数组元素，也可以用指针法"＊(a[0]＋j)"访问第 1 行的数组元素。

数组名 *a* 代表第一行的首地址，*a* 指向第一行，*a*＋1 指向第二行。注意到＊(a＋i)和 a[i]等价，所以 a[i][j]等价于＊(a[i]＋j)，也等价于＊(＊(a＋i)＋j)。

在图 6-13 中，把每一行(有 4 个 int 型数据)当成一个整体，看作 *a* 的一个数组元素，则 *a* 有 3 个数组元素，分别用 a[0]，a[1]，a[2]表示。*a* 的每个数组元素是一个数组(该数组有 4 个 int 型数据)。*a* 就是一个指向具有 4 个 int 型数组元素的一维数组的指针。

	a[0]+0	a[0]+1	a[0]+2	a[0]+3
a[0]	11	12	13	14
a[1]	21	22	23	24
a[2]	31	32	33	34

	*(a+0)+0	*(a+0)+1	*(a+1)+2	*(a+0)+3
a →	11	12	13	14
a+1 →	21	22	23	24
a+2 →	31	32	33	34

图 6-13　二维数组的指针表示

一般来说，一个指向具有 *N* 个 *T* 类型数组元素的一维数组的指针 *p* 定义为"T (＊p)[N];"。例如：

```
int a[][4]={{11,12,13,14},{21,22,23,24},{31,32,33,34}};     /* 二维整型数组 */
int (*p)[4]=a;                                              /* p 指向二维数组 */
```

【例 6-29】 某班有 20 个学生，在课程实训时分为 4 个小组。实训成绩由 3 位老师分别打分并用一个二维表存放，使用指向二维数组的指针求所有小组的平均成绩。

```
#include<stdio.h>
#include<stdlib.h>
double getAve(double (*p)[3], int n);        /* 形参 double(*p)[3]是一个指向类型为 double,
                                                小组个数为 3 个的二维数组的指针变量 */
int main()
{
    /* 初始化数组 */
    double score[4][3] = {{87, 89, 90}, {80, 78, 76}, {91, 86, 89}, {61, 60, 57}};
    printf("ave = %.2lf\n", getAve(score, 4));
    return 0;
}

double getAve(double (*p)[3], int n)
{
    int i, j;
    double ave = 0.0;
    double temp;
    for (i = 0; i < 4; i++)
    {
```

```
            temp = 0.0;
            for (j = 0; j < 3; j++)
                temp += p[i][j];
            ave += temp/3.0;
        }

        return ave/n;
    }
```

该程序的运行结果如图 6-14 所示。

```
ave = 78.67

Process returned 0 (0x0)   execution time : 0.000 s
Press any key to continue.
```

图 6-14　例 6-29 程序的运行结果

【说明】

二维数组的传递应写成如下格式。

```
double getAve(double (*p)[3], int n);
```

仔细思考把"double getAve(double (*p)[3], int n);"改成"double getAve(double ** p,int n)",编译能不能通过？运行结果会是怎样？为什么？

6.4.3　多级指针

若指针变量 pp 存放的是另一个指针变量 p 的地址,称 pp 为指向指针的指针变量。例如：

```
int x=3;
int *p=&x;              /* 一级指针变量 */
int **pp=&p ;           /* 二级指针变量 */
int ***ppp=&pp ;        /* 三级指针变量 */
int ****p4=&ppp ;       /* 四级指针变量 */
```

事实上,三级以上的指针较少使用。

【例 6-30】　使用三级指针,按指定界定符分割字符串。

```
#include <stdio.h>
#include <string.h>
#include <stdlib.h>
/* 函数接收 3 个参数,第 1 个是要分析的字符串,第 2 个是界定符序列,第 3 个是生成的"指针的
   指针"的指针(二维数组的指针) */
int makeargv(const char *s, const char *delimiters, char ***argvp);
int main()
{
  int n,i;
  char *s="abc\tdefg\thijk\tfun";
  char **argvp=(char **)s;
  n=makeargv(s, "\t",&argvp);
```

```
  for(i=0;i<n;i++)
  printf("%i: %s\n", i, argvp[i]);
}
int makeargv(const char *s, const char *delimiters, char ***argvp)
{
  int i,numtokens;
  const char *snew;
  char *t;
  if((s == NULL) || (delimiters == NULL) || (argvp == NULL)){
return -1;
  }
  *argvp = NULL;
  snew = s + strspn(s, delimiters);
  if((t =(char *) malloc(strlen(snew)+1)) == NULL)
return -1;
  strcpy(t, snew);
  numtokens = 0;
  if(strtok(t, delimiters) != NULL)
for(numtokens = 1; strtok(NULL, delimiters)!= NULL; numtokens++);
if((*argvp=(char **)malloc((numtokens+1)*sizeof(char *)))==NULL)
{
free(t);
return -1;
  }
  if(numtokens == 0){
free(t);
  }else{
strcpy(t, snew);
**argvp = strtok(t, delimiters);              /*注意此处的指针操作*/
for(i = 1;i < numtokens;i++)
  *((*argvp)+i) = strtok(NULL, delimiters);/*注意此处的指针操作*/
  }
  *((*argvp)+numtokens) = NULL;
  return numtokens;
}
```

该程序的运行结果如图 6-15 所示。

```
0: abc
1: defg
2: hijk
3: fun

--------------------------------
Process exited after 0.01223 seconds with return value 0
请按任意键继续. . .
```

图 6-15　例 6-30 程序的运行结果

6.4.4 指针数组

若数组的每个数组元素存放的都是指针型数据,则该数组称为指针数组。指针数组的每个数组元素都是指针。定义指针数组的一般形式为

数据类型名 * 数组名[数组元素个数];

例如:

```
int * pa[10];          /* 定义指针数组 pa, pa 有 10 个数组元素,每个数组元素可以存放一个 int
                          型指针 */
char * name[4]={"Mason","Tony","Lily","Jackson"};      /* 定义指针数组 name,name 有 4
                                                          个数组元素,每个数组元素是
                                                          一个指向字符的指针 */
```

【例 6-31】 使用指针数组存放 4 个字符串,并输出每个字符串的第 2 个字符。

```
#include <stdio.h>
int main()
{
    int i;
    char * Str[] = {"One", "Two", "Three", "Four"};
    char ** p = Str;                          /* 二级指针指向数组 */
    for (i = 0; i < 4; i++)
        printf("%s\n", * (p+i));              /* 输出每个字符串 */
    for (i = 0; i < 4; i++)
        printf("%c\n", * ( * (p+i)+1));       /* 输出每个字符串的第 2 个字符 */
    return 0;
}
```

该程序的运行结果如图 6-16 所示。

```
One
Two
Three
Four
n
w
h
o

Process returned 0 (0x0)   execution time : 0.016 s
Press any key to continue.
```

图 6-16 例 6-31 程序的运行结果

试分析例 6-29 中二维数组传递的指针使用方式有何不同?

6.5 字符指针

char 型指针称为字符指针。字符指针常用来指向字符数组或字符串常量。例如：

```
char s[256];
char *ps=s;  /* 定义字符指针 ps，指向字符数组 s */
```

将字符串赋给字符指针，只是把字符串的首地址赋予了字符指针。例如：

```
char *s="funy";          /* 将字符串常量的首地址赋给 s,即 s 指向"funy" */
```

对于每个字符串常量，从其任意字符开始到字符串结束符为止，是该字符串的一个子字符串。例如：

```
char *cmd="Loadfromflash";
printf("%s\n", *(cmd+8));                    /* 打印字符串"flash" */
```

【例 6-32】 复制字符串函数。

```
#include <stdio.h>
void strcpy1(char *dst, const char *src);          /* 复制字符串函数 1 */
void strcpy2(char *dst, const char *src);          /* 复制字符串函数 2 */
void strcpy3(char *dst, const char *src);          /* 复制字符串函数 3 */
int main()
{
    char a[20] = "file0", b[20];
    strcpy1(b, a); printf("%s\n", b);
    strcpy1(b, a); printf("%s\n", b);
    strcpy1(b, a); printf("%s\n", b);
    strcpy1(b, a); printf("%s\n", b);
    return 0;
}

/* 复制字符串函数 1 */
void strcpy1(char *dst, const char *src)
{
    while(1)
    {
        *dst = *src;
        if(*dst == '\0') break;
        dst++;
        src++;
    }
}
/* 修改为:复制字符串函数 2 */
void strcpy2(char *dst, const char *src)
```

```
{
    while( * src! = '\0')
    {
            * dst = * src;
            dst++;
            src++;
    }
    * dst = '\0';   /* 注意,这一句很重要,易忽略 */
}

/* 修改为:复制字符串函数 3 */
void strcpy3(char * dst, const char * src)
{
    while( * src) * dst++ = * src++;
    * dst = '\0';
}
```

该程序的运行结果如图 6-17 所示。

```
file0
file0
file0
file0

--------------------------------
Process exited after 0.01167 seconds with return value 0
请按任意键继续. . .
```

图 6-17　例 6-32 程序的运行结果

字符串的应用十分普遍,字符串操作可使用 C 语言函数。常用的字符串处理函数有:

```
#include<string.h>
char * strcpy(char * dst, const char * src);                /* 将字符串 src 复制到 dst */
char * strncpy(char * dst, const char * src, unsigned n);   /* 复制字符串 src 的前 n 个字符到
                                                               dst */
char * strstr(const char * s1,const char * s2);             /* 在 s1 中查找子字符串 s2,若找
                                                               到,返回第一次出现的地址;若
                                                               未找到,则返回 NULL */
unsigned strlen(const char * s);                            /* 返回字符串长度(不包括字符串
                                                               结束符) */
int strcmp(const char s1,const char * s2);                  /* 比较字符串 s1 和 s2 的大小,若
                                                               s1 大于 s2,则返回正整数;若 s1
                                                               等于 s2,则返回 0;若 s1 小于 s2,
                                                               则返回负整数 */
```

6.6　指针与函数

6.6.1　指针作函数参数

指针变量作为函数形参,传递的是地址,而不是该地址单元中的数据。指针作函数参数可以高效传递大量数据。设想,一片内存空间大小为 1 000 个字节,传递该内存空间的首地址显然比传递 1 000 个字节的数据要快得多。

指针变量作为函数形参,可以修改函数外部的变量的值。

【例 6-33】 交换函数:交换两个整型变量的值。

```
#include <stdio.h>
#include <string.h>
void swap(int *x1, int *x2);
int main()
{
    int a = 10, b = 20;
    printf("a=%d, b=%d\n", a, b);
    swap(&a, &b);
    printf("a = %d, b = %d\n", a, b);
    return 0;
}
void swap(int *x1, int *x2)
{
    int y = *x1;
    *x1 = *x2;
    *x2 = y;
}
```

该程序的运行结果如图 6-18 所示。

```
a=10, b=20
a=20, b=10

--------------------------------
Process exited after 0.0119 seconds with return value 0
请按任意键继续. . .
```

图 6-18　例 6-33 程序的运行结果

【例 6-34】 编写函数,输入一个字符串,分离出其中的英文字母和数字。

```
#include <stdio.h>
#include <string.h>
int main()
{
    char str[100], str1[100], str2[100], p, p1, p2;
```

```
    p = 0, p1 = 0, p2 = 0;
    scanf("%s", str);
    while (str[p] ! = '\0')        /* 将字符串中的字母和数字分离到两个不同的字符数组里 */
    {
        if (str[p] >= '0' && str[p] <= '9')
            str1[p1++] = str[p];
        else str2[p2++] = str[p];
        p ++;
    }
    str1[p1] = '\0';
    str2[p2] = '\0';

    printf("%s\n", str1);
    printf("%s\n", str2);
    return 0;
}
```

该程序的运行结果如图 6-19 所示。

```
asdasd1231dlkhfaslkcvx234254
1231234254
asdasddlkhfaslkcvx

Process returned 0 (0x0)   execution time : 5.695 s
Press any key to continue.
```

图 6-19　例 6-34 程序的运行结果

思考:为什么 scanf 函数的参数要取地址？为何读字符串的时候又不要取地址？

6.6.2　指针函数

返回指针的函数称为指针函数,其一般形式为

数据类型 * 函数名(参数表);

例如:

```
int * fun(int a,int b);
```

指针函数不能把其内部定义的只有局部作用域的变量或常量的地址作为返回值。指针函数可以返回全局变量的地址、静态变量的地址和堆内存地址。

【例 6-35】 编写函数,返回两个字符中字典序较小的字符。

```
#include<stdio.h>
char * min(char x, char y)
{
    if(x<y) return (&x);        /* 当心,函数返回了局部变量的地址 */
    else return (&y);           /* 当心,函数返回了局部变量的地址 */
}
```

```
int main()
{
    static char a, b;            /* 静态变量 */
    char * p;
    scanf("%c %c", &a, &b);
    p = min(a, b);               /* a,b是静态变量,它们一直存在,min返回a或b的地址 */
    printf("min=%c\n", * p);
}
```

该程序的运行结果如图 6-20 所示。

```
g a
min=a

Process returned 7 (0x7)   execution time : 5.558 s
Press any key to continue.
```

图 6-20　例 6.35 程序的运行结果

函数的传参默认情况下是浅复制。

浅复制仅仅只是将结构体或者说内存块(待复制块)中的值一一复制到另一结构体或内存块(复制块)中,而如果待复制块中存在引用其他内存块的指针,则只会将指针复制一份到复制块中,这样就导致了两个内存块共用一块公共内存。而深复制则需要将被引用的内存块展开,继续复制,有兴趣的同学可以自己尝试着实现深复制函数。

以下程序是一个浅复制 bug 程序,大家可以运行下,想想为什么。对于结构体有不清楚的读者可以翻看后续章节的内容。

```
#include<stdio.h>
struct nodeson{
    int value;
};
struct node{
  struct nodeson * son;
};
int main(){
  struct node root,rootcopy;
  struct nodeson cc;
  root.son=&cc;
  root.son->value=10;
  rootcopy=root;
  printf("%d\n",root.son->value);
  rootcopy.son->value=8;
  printf("%d\n",root.son->value);
}
```

6.6.3 函数指针

编译后产生的函数代码也要占用内存空间,函数名代表这片内存空间的首地址。函数的地址可以赋给某个指针变量。指向函数地址的指针称为函数指针。定义函数指针的一般形式为

数据类型名(* 指针变量名)(数据类型名 参数 1,数据类型名 参数 2,…);

例如:

```
int (*p)();                    /* p 可以指向一个整型函数 */
float (*q)();                  /* q 可以指向一个浮点型函数 */
```

函数指针赋初值的方法是将函数名赋给指针变量。例如:

```
int max(int a,int b);
int (*p)(int,int);             /* 定义函数指针变量 p */
p=max;                         /* p 指向函数 max */
p=&max;                        /* p 指向函数 max,与上面的语句并无不同,两者可任选 */
```

用函数指针可以调用函数,调用的一般形式为

(* 指针变量)(实参表);

例如:

```
#include <stdio.h>
int test1(int x){
    printf("%d\n",x);
}
int test2(int x){
    printf("%d\n",x-3);
}
int main(){
    int (*p)(int);
    p=&test1;
    p(10);
    p=test2;
    p(10);
}
```

注意:声明函数指针时,返回值或参数值(少了没问题,多了则编译不过)不同,并不影响编译,但是在运行时,会进行强制类型转换,或者出现类型不匹配赋值为随机(或者默认)值的情况。

【例 6-36】 用函数指针执行菜单项处理。

在显示菜单项后,输入两个整数,第一个整数代表选择调用的函数,第二个整数代表传递

的参数。

```
#include <stdio.h>
void fun1(int n)
{
    printf("调用 fun1 函数，函数参数为：%d\n", n);
}
void fun2(int n)
{
    printf("调用 fun2 函数，函数参数为：%d\n", n);
}
void fun3(int n)
{
    printf("调用 fun3 函数，函数参数为：%d\n", n);
}
void fun4(int n)
{
    printf("调用 fun4 函数，函数参数为：%d\n", n);
}
void mv_menu(void)
{
    int i, n;
    unsigned int cmd;
    char *menu[4] = {"1-fun1", "2-fun2", "3-fun3", "4-fun4"};
    void (*func[4])(int n) = {fun1, fun2, fun3, fun4};      /* 定义函数指针数组 */
    while (1)
    {
        for(i = 0; i<4; i++) printf("%s   ", menu[i]);
            printf("\nSelect menu: ");
        if(scanf("%d %d", &cmd, &n))
            (*func[cmd-1])(n);                             /* 使用函数指针调用函数 */
    }
}
int main()
{
    mv_menu();
    return 0;
}
```

该程序的运行结果如图 6-21 所示。

```
1-fun1  2-fun2  3-fun3  4-fun4
Select menu: 1 20
调用fun1函数，函数参数为：20
1-fun1  2-fun2  3-fun3  4-fun4
Select menu: 2 40
调用fun2函数，函数参数为：40
1-fun1  2-fun2  3-fun3  4-fun4
Select menu: 3 100
调用fun3函数，函数参数为：100
1-fun1  2-fun2  3-fun3  4-fun4
Select menu: 4 10000
调用fun4函数，函数参数为：10000
1-fun1  2-fun2  3-fun3  4-fun4
Select menu: _
```

图 6-21　例 6-36 程序的运行结果

【例 6-37】 利用函数指针变量作函数参数，实现例 6-36 的功能。

```
#include <stdio.h>
void choseFun(void (*pf)(int n), int n)          /* 利用函数指针变量作为参数的函数 */
{
    pf(n);
}
void fun1(int n)
{
    printf("调用 fun1 函数，函数参数为：%d\n", n);
}
void fun2(int n)
{
    printf("调用 fun2 函数，函数参数为：%d\n", n);
}
void fun3(int n)
{
    printf("调用 fun3 函数，函数参数为：%d\n", n);
}
void fun4(int n)
{
    printf("调用 fun4 函数，函数参数为：%d\n", n);
}
void mv_menu(void)
{
    int i, n;
    unsigned int cmd;
    char *menu[4] = {"1-fun1", "2-fun2", "3-fun3", "4-fun4"};
    void (*func[4])(int n) = {fun1, fun2, fun3, fun4};      /* 定义函数指针数组 */
    while (1)
    {
```

```
        for(i = 0; i<4; i++) printf("%s  ", menu[i]);
            printf("\nSelect menu: ");
        if(scanf("%d %d", &cmd, &n))
            choseFun(func[cmd-1], n);                    /* 使用函数指针调用函数 */
    }
}
int main()
{
    mv_menu();
    return 0;
}
```

该程序的运行结果如图6-22所示。

```
1-fun1  2-fun2  3-fun3  4-fun4
Select menu: 1 20
调用fun1函数, 函数参数为: 20
1-fun1  2-fun2  3-fun3  4-fun4
Select menu: 2 40
调用fun2函数, 函数参数为: 40
1-fun1  2-fun2  3-fun3  4-fun4
Select menu: 3 100
调用fun3函数, 函数参数为: 100
1-fun1  2-fun2  3-fun3  4-fun4
Select menu: 4 10000
调用fun4函数, 函数参数为: 10000
1-fun1  2-fun2  3-fun3  4-fun4
Select menu: _
```

图6-22 例6-37程序的运行结果

6.6.4 命令行参数

主函数 main 是程序的入口，当执行程序时，main 函数被操作系统调用。执行程序时，用户可以在命令行输入某些参数，这些参数被操作系统以字符串的形式传递给 main 函数。main 函数的原型可写为

int main(int argc, char * argv[]);

其中，argc 是参数的个数(包括命令本身)，字符指针数组 argv 用于存放参数字符串。main 函数的返回值返回给操作系统。

【例6-38】 打印命令行参数。

```
#include <stdio.h>
int main(int argc, char * argv[])
{
    int i = 0;
    while(i < argc)
    {
        printf("arg%d:%s\n", i, argv[i]);
        i++;
```

```
        }
        return 0;
    }
```

该程序的运行结果如图 6-23 所示。

```
Microsoft Windows [版本 10.0.10240]
(c) 2015 Microsoft Corporation. All rights reserved.

C:\Users>C:\Users\Desktop\Untitled1.exe test one two three
arg0: C:\Users\Desktop\Untitled1.exe
arg1: test
arg2: one
arg3: two
arg4: three
```

图 6-23　例 6-38 程序的运行结果

【说明】

该参考程序应在 CMD(命令提示符)环境中运行,WIN+R 运行 CMD 后按图 6-23 运行该代码。

6.7　指针与结构体

指针变量指向一个结构体变量或常量时,称该指针变量为结构指针变量。结构体指针变量的值是它所指向的结构体变量或常量的首地址。结构体指针变量的定义形式为

结构体名 * 结构体指针变量名;

用结构体指针变量访问结构体成员有两种方法,第 1 种方法是使用指向运算符“->”,一般形式为

结构体指针变量->成员名;

第 2 种方法是间接引用结构体指针变量再用成员运算符“.”访问结构体成员,一般形式为

(*结构体指针变量).成员名;

【例 6-39】 结构体指针变量的使用。

```
#include <stdio.h>
#include <string.h>
struct Student
{
    char name[20];
    char id[20];
    int age;
};
int main()
{
    struct Student p;
    struct Student *ptr;
    ptr = &p;
    strcpy(ptr->name, "张三");
```

```
    strcpy(ptr－＞id, "2013021123");
    ptr－＞age = 18;
    printf("%s   %s   %d\n", ptr－＞name, ptr－＞id, ptr－＞age);
}/ * ptr－＞name 等价于 p.name 等价于( * ptr).name  * /
```

该程序的运行结果如图 6-24 所示。

```
张三  2013021123  18

Process returned 21 (0x15)   execution time : 0.000 s
Press any key to continue.
```

图 6-24　例 6-39 程序的运行结果

结构体指针变量可作函数参数，传送结构体指针比传送结构体本身效率要高。

【例 6-40】　编程模拟显示一个数字式时钟。

```
#include<stdio.h>            / * forprintf()  * /
#include<stdlib.h>           / * for_sleep()  * /
#include<conio.h>            / * forkbhit()   * /
struct_Clock
{
  int hour,minute,second;
};
typedef struct_Clockclock;
/ * 时间更新:更新时、分、秒 * /
void update(clock * t)
{
  t－＞second＋＋;
  if(t－＞second＝＝60)
  {
    t－＞second＝0;
    t－＞minute＋＋;
  }
  if(t－＞minute＝＝60)
  {
    t－＞minute＝0;
    t－＞hour＋＋;
  }
  if(t－＞hour＝＝24)
  {
    t－＞hour＝0;
  }
}
/ * 设置秒表初始时间 * /
void setClock(clock * t, int h, int m, int s)
```

```
{
  h=h<0 ? 0:h;
  h=h>23 ? 23:h;
  m=m<0 ? 0:m;
  m=m>59 ? 59:m;
  s=s<0 ? 0:s;
  s=s>59 ? 59:s;
  t->hour=h;
  t->minute=m;
  t->second=s;
}
/* 显示时间:显示时、分、秒 */
void display(clock * t)
{
  printf("\r%d:%d:%d   ",t->hour, t->minute, t->second);
}
void main()
{
  clock myclock;
  setClock(&myclock, 0, 0, 0);
  while(1)
  {
update(&myclock);
display(&myclock);
_sleep(1000);                /* 延时 1000 ms */
if(kbhit()) break;           /* 按任意键退出 */
  }
}
```

该程序的运行结果如图 6-25 所示。

```
0:1:42
```

图 6-25　例 6-40 程序的运行结果

【例 6-41】 某计算机从因特网上收到一个以太网帧(MAC 帧)字节流,以十六进制表示为 000f1fb082ff0002b9f29f09080045000028b30104003e06d2d3cac3a0080201422e00500a27912405181c379bf35010192086db0000000000000000。假设 unsigned char * eth_rcv 指向该字节流,设计一函数,求该 MAC 帧所在的源 IP 地址。已知 MAC 帧结构如图 6-26 所示。

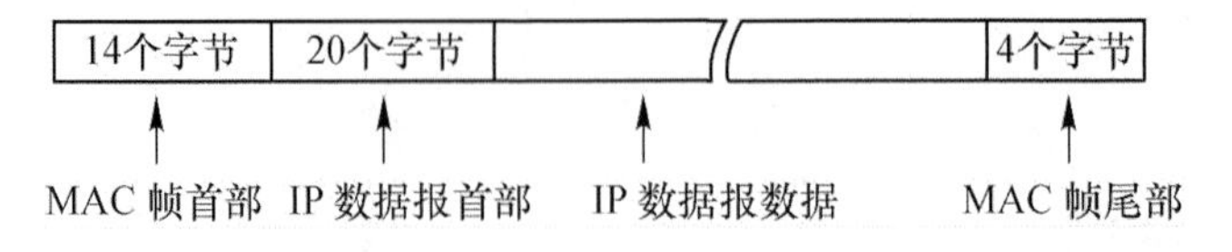

图 6-26　MAC 帧结构示意图

IP 首部结构定义为

```
typedef struct
{
    unsigned char ver_len;              /* 协议版本号 */
    unsigned char type_of_service;      /* 区分服务类型 */
    unsigned short total_length;        /* 总长度 */
    unsigned short identifier;          /* 标识 */
    unsigned short fragment_info;       /* 分片信息 */
    unsigned char time_to_live;         /* TTL 值 */
    unsigned char protocol_id;          //上层协议 */
    unsigned short header_cksum;        /* 首部检验和 */
    unsigned long source_ipaddr;        /* 源 IP 地址 */
    unsigned long dest_ipaddr;          /* 目的 IP 地址 */
}IP_HEADER;
```

解决方法:定义指向 IP_HEADER 的结构体指针变量,指针移到 MAC 帧字节流的 IP 数据报首部,访问结构体成员 source_ipaddr 可获得源 IP 地址。

```
/* 函数功能:获取源 IP 地址 */
/* 参数:buf—MAC 帧字节流 */
/* 返回:源 IP 地址   */
unsigned long getIpAddress(unsigned char * buf)
{
    IP_HEADER * ip;                     /* 结构体指针变量 */
    ip= (IP_HEADER *)(buf+14);          /* 跳过 MAC 帧首部 14 个字节 */
    return ip->source_ipaddr;           /* 获取源 IP 地址 */
}
/* 测试范例 */
void main()
{
    unsigned char * di;
    unsigned char * eth_rcv=(unsigned char *)"\x00\x0f\x1f\xb0\x82\xff\x00\x02  \
    \xb9\xf2\x9f\x09\x08\x00\x45\x00\x00\x28\xb3\x01\x04  \
    \x00\x3e\x06\xd2\xd3\xca\xc3\xa0\x08\x02\x01\x42\x2e  \
    \x00\x50\x0a\x27\x91\x24\x05\x18\x1c\x37\x9b\xf3\x50  \
    \x10\x19\x20\x86\xdb\x00\x00\x00\x00\x00\x00\x00\x00";
    unsigned long src_ipaddr=getIpAddress(eth_rcv);
    di=(unsigned char *)&src_ipaddr;
    printf("源 IP 地址为:%d.%d.%d.%d\n",di[0],di[1],di[2],di[3]);
}
```

测试结果如图 6-27 所示。

点分十进制表示的 IP 地址 202.195.160.8 转换为十六进制是 ca.c3.a0.08,参见 MAC 帧字节流第 27～30 个字节。

源IP地址为:202.195.160.8

图 6-27　例 6-41 程序的运行结果

第3节　应用实践

通过指针将既定的值从串口监视器输出。

```
void setup(){
Serial.begin(9600);
}
void loop(){
  int a,b;
  int * p1, * p2;
  a=100;b=10;
  p1=&a;
  p2=&b;
  /* 将 a,b 的地址赋给指针 p1,p2 */
  delay(1000);
  Serial.print("a=");
  Serial.println(a);
  Serial.print("b=");
  Serial.println(b);
  Serial.print(" * p1=");
  Serial.println( * p1);
  Serial.print(" * p2=");
  Serial.println( * p2);
/* 在串口监视器中输出 a,b 的值及指针 p1,p2 所指向的值 */
}
```

第7章　结构体、联合体与枚举

第1节　范例导学

【例 7-1】 结构体。

对学生的取自字符型 name，长整型 student_number、字符型 sex 和整数型 class_number，结构体名为 student 的结构体变量 student_1 进行说明以后，将 zhangsan 赋予 name，2013022101 赋予 student_number，M 赋予 sex，1 赋予 class_number 并进行显示。

【程序例】

```
#include<stdio.h>
int main()
{
    struct student
    {
        char *name;                         /*学生姓名*/
        long long int student_number;       /*学生学号*/
        char sex;                           /*学生性别*/
        int class_number;                   /*学生班级*/
    };
    struct student student_1;               /*结构体变量说明*/
    student_1.name = "zhangsan";            /*给结构体变量 name 赋值*/
    student_1.student_number = 2013022101;  /*给结构体变量 student_number 赋值*/
    student_1.sex = 'M';                    /*给结构体变量 sex 赋值*/
    student_1.class_number = 1;             /*给结构体变量 class_number 赋值*/
    printf("姓名为:%10s, 学号为:%I64d, 性别为:%c,班级为:%2d\n",
    student_1.name,student_1.student_number,student_1.sex,student_1.class_number);
    return 0;
}
```

【结果】

```
姓名为: zhangsan, 学号为:2013022101, 性别为:M,班级为: 1
```

【说明】

① 结构体说明方式。

```
/* struct 指明结构体,student 为结构体名(标识符) */
 struct student
   {
       char  * name;                          /* 学生姓名 */
       long long int student_number;          /* 学生学号 */
       char sex;                              /* 学生性别 */
       int class_number;                      /* 学生班级 */
   };                                         /* 结构体成员说明 */
```

② 结构体变量说明。

```
struct student student_1;                     /* 结构体变量 */
```

③ 结构体成员。

```
student_1.name = "zhangsan";                  /* 字符串赋值 */
student_1.student_number = 2013022101;        /* 长整型赋值 */
student_1.sex = 'M';                          /* 字符赋值 */
student_1.class_number = 1;                   /* 整数赋值 */
```

④ 由上述程序可归纳成如表 7-1 所示的内容。

表 7-1　student 结构体

student_1 结构体变量				
结构体成员	name	student_number	sex	class_number
结构体成员取值	zhangsan	2013022101	M	1

⑤ 结构体的输出显示和一般变量相同。

```
printf("姓名为:%10s, 学号为:%I64d, 性别为:%c,班级为:%2d\n",
    student_1.name,student_1.student_number,student_1.sex,student_1.class_number);
```

【例 7-2】 同时说明结构体类型和结构体变量。

对学生的取自字符型 name,长整型 student_number、字符型 sex 和整数型 class_number,结构体名为 student 的结构体变量 student_1 进行说明以后,将 zhangsan 赋予 name,2013022101 赋予 student_number,M 赋予 sex,1 赋予 class_number 并进行显示。

【程序例】

```
#include<stdio.h>
int main()
{
    struct student
    {
        char  * name;                         /* 学生姓名 */
        long long int student_number;         /* 学生学号 */
```

```
        char sex;                         /* 学生性别 */
        int class_number;                 /* 学生班级 */
    }student_1;
    student_1.name = "zhangsan";                /* 给结构体变量 name 赋值 */
    student_1.student_number = 2013022101;      /* 给结构体变量 student_number 赋值 */
    student_1.sex = 'M';                        /* 给结构体变量 sex 赋值 */
    student_1.class_number = 1;                 /* 给结构体变量 class_number 赋值 */
    printf("姓名为:%10s, 学号为:%I64d, 性别为:%c,班级为:%2d\n",
        student_1.name,student_1.student_number,student_1.sex,student_1.class_number);
    return 0;
}
```

【结果】

```
姓名为: zhangsan, 学号为:2013022101, 性别为:M,班级为: 1
```

【说明】

程序中结构体类型和结构体变量可同时进行说明。例如：

```
struct student
{
    char *name;
    long long int student_number;           /* 成员变量 */
    char sex;
    int class_number;
}student_1;                                 /* student_1 结构体变量 */
```

【例 7-3】 多结构体变量。

将下列数据赋予结构体变量并进行显示。

姓名	年龄	学号	成绩
Wanger	20	001	90
zhangsan	19	002	80
lisi	21	003	85

【程序例】

```
#include<stdio.h>
int main()
{
    struct student
    {
        char *name;                       /* 学生姓名 */
        int age;                          /* 学生年龄 */
        char *number;                     /* 学生学号 */
        int grade;                        /* 学生成绩 */
```

```
    };
    struct student student_1,student_2,student_3;          /* 变量说明 */
    student_1.name = "wanger";
    student_1.age = 20;
    student_1.number = "001";
    student_1.grade = 90;
    student_2.name = "zhangsan";
    student_2.age = 19;
    student_2.number = "002";
    student_2.grade = 80;
    student_3.name = "lisi";
    student_3.age = 21;
    student_3.number = "003";
    student_3.grade = 85;
    printf("%10s,%2d,%5s,%3d\n",student_1.name,student_1.age,student_1.number,
        student_1.grade);
    printf("%10s,%2d,%5s,%3d\n",student_2.name,student_2.age,student_2.number,
        student_2.grade);
    printf("%10s,%2d,%5s,%3d\n",student_3.name,student_3.age,student_3.number,
        student_3.grade);
    return 0;
}
```

【结果】

```
    wanger,20,  001, 90
  zhangsan,19,  002, 80
      lisi,21,  003, 85
```

【说明】

① 说明方式为

```
struct student student_1,student_2,student_3;     /* 变量说明,student_1 为变量名 1,student_2
                                                     为变量名 2,student_3 为变量名 3 */
```

② 变量传递按“.”成员顺序。

```
student_1.name,student_1.age,student_1.number,student_1.grade
```

【例 7-4】 结构体占内存大小。

输出下面的结构体占用内存的字节数。

```
struct student
{
    char name[7];
    int number;
    int age;
```

```
};
```

【程序例】

```
#include<stdio.h>
#include<stdlib.h>
#include<string.h>
int main()
{
    struct student
    {
        char name[7];
        int number;
        int age;
    };
    struct student student_1 , student_2;
    printf("sizeof(struct student)=%d\n",sizeof(struct student));      //sizeof 求变量内存中的
                                                                       //大小

    strcpy(student_1.name,"zhangsan");
    student_1.number = 0001;
    student_1.age = 20;

    strcpy(student_2.name,"wanger");
    student_2.number = 0002;
    student_2.age = 21;

    printf("sizeof(student_1)=%d\n",sizeof(student_1));
    printf("sizeof(student_2)=%d\n",sizeof(student_2));
    return 0;
}
```

【结果】

```
sizeof(struct student)=16
sizeof(student_1)=16
sizeof(student_2)=16
```

【说明】

计算结构体大小时需要考虑其内存布局。结构体在内存中是按单元存放的，每个单元的大小取决于结构体中最大的基本类型的大小，以其大小的倍数来存储。

在 struct student 中，最大的基本类型的大小是 int 类型，占 4 个字节，所以整个结构体所占的内存大小为 16 个字节。整个结构体在内存中的存储如图 7-1 所示。

0	1	2	3	4	5	6	7
char name[7]							
int number				int age			

图 7-1 struct student 结构体在内存中的存储

【例 7-5】 结构体数组变量。

将下列数据用给定的结构体数组保存并进行显示。

姓名	学号	年龄
Wanger	001	20
zhangsan	002	21
lisi	003	19
liuda	004	22

【程序例】

```
#include<stdio.h>
#include<stdlib.h>
#include<string.h>
int main()
{
    struct Student
    {
        char *name;
        char *number;
        int age;
    }student[4];                /*编号 0～3*/
    student[0].name = "wanger";
    student[0].number = "001";
    student[0].age = 20;
    student[1].name = "zhangsan";
    student[1].number = "002";
    student[1].age = 21;
    student[2].name = "lisi";
    student[2].number = "003";
    student[2].age = 19;
    student[3].name = "liuda";
    student[3].number = "004";
    student[3].age = 22;
    printf("%10s%4s %2d\n",student[0].name,student[0].number,student[0].age);
    printf("%10s%4s %2d\n",student[1].name,student[1].number,student[1].age);
    printf("%10s%4s %2d\n",student[2].name,student[2].number,student[2].age);
    printf("%10s%4s %2d\n",student[3].name,student[3].number,student[3].age);
    return 0;
}
```

【结果】

```
   wanger 001 20
 zhangsan 002 21
     lisi 003 19
    liuda 004 22
```

【说明】

① 结构体变量为数组时的说明方式为

```
struct Student
{
     char *name;
     char *number;
     int age;
}student[4];
```

或

```
struct Student
{
   char *name;
   char *number;
   int age;
}
struct Student student[5];
```

② 变量。

```
student[0].age = 20;   /* 将 20 赋给成员变量 student[0].age */
```

将姓氏分别赋给成员变量 student[0].name～student[3].name。

将学号分别赋给变量 student[0].number～student[3].number。

将年龄分别赋给变量 student[0].age～student[3].age。

【例 7-6】 结构体指针和结构体指针变量。

将数据赋给结构体指针变量并显示。

【程序例】

```
#include <stdio.h>
#include <stdlib.h>
struct student
{
     char *num;
     char *name;
     int grade;
};
int main()
```

```
{
    struct student * stu;
    stu = (struct student * )malloc(sizeof(struct student));
    stu->num = "2013022101";
    stu->name = "刘一";
    stu->grade = 2013;
    printf("    学号 姓名 年级\n");
    printf("%s %s  %d\n", stu->num, stu->name, stu->grade);
    return 0;
}
```

【结果】

```
    学号         姓名     年级
2013022101      刘一     2013
```

【说明】

① 结构体说明和结构体指针变量说明。

```
struct student
{
    char * num;
    char * name;
    int grade;
};
struct student * stu;
```

或

```
struct student
{
    char * num;
    char * name;
    int grade;
} * stu;
```

② 参数传送用符号“->”。例如：

```
stu->num = "2013022101";
stu->name = "刘一";
stu->grade = 2013;
```

【例 7-7】 联合体。

将例 7-6 中的结果作为数据说明为联合体,赋值并显示。

【程序例】

```
#include <stdio.h>
int main()
```

```
{
    union student
    {
        char *  num;
        char *  name;
        int grade;
    };
    union student stu;
    stu.num = "2013022101";
    printf("学号:%s\n", stu.num);

    stu.name = "刘一";
    printf("姓名:%s\n", stu.name);

    stu.grade = 2013;
    printf("年级:%d\n", stu.grade);
    return 0;
}
```

【说明】

① 联合体的用法。

```
union student
{
    char *  num;
    char *  name;
    int grade;
};
union student stu;
```

联合体的说明与结构体的说明很类似，如果将 union 改为 struct，则成为结构体。

② 在结构体中，根据成员类型预约存储器字节数；但在联合体中，预约存储区时需要按最大存储型的字节数进行。

③ 在联合体说明中，类型说明和联合体变量说明可以同时进行，这一点和结构体相同。

【例 7-8】 将下列数据作为枚举型常数，编写输出 mon 和 sun 的程序，要求枚举名为 Weekday。

```
mon, tue, wed, thu, fri, sat, sun
```

【程序例】

```
#include <stdio.h>
int main()
{
    enum weekday{mon,
                 tue,
```

```
                    wed,
                    thu,
                    fri,
                    sat,
                    sun}Weekday;
        Weekday = mon;
        printf("mon = %d\n", Weekday);
        Weekday = sun;
        printf("sun = %d\n", Weekday);
        return 0;
    }
```

【结果】

```
mon = 0
sun = 6
```

【说明】

枚举说明方式为

```
enum 枚举类型名
{
        枚举常数,
}枚举变量名;
```

第2节　知识详解

数组是有序数据的集合,数组中的数据之间是逻辑相关的,具有明显的集合结构特征。数组中的每一个数组元素都属于同一个数据类型,用统一的数组名和不同的下标可以唯一地确定数组中的数组元素,如某班同学的C语言考试分数就可以用一个实型数组描述。但在实际应用中,我们往往还需要描述一些由不同数据类型的数据构成的复合数据,这些数据在逻辑上也是相关的,如一个描述某学生个人信息的数据,它包括学号、姓名、性别、分数等数据。这些数据具有不同的数据类型,因此不适合用数组来描述,但是如果我们用一些独立的不同数据类型的变量来描述以上复合数据,变量的数目将会很多并且不能体现出这些变量之间的逻辑相关性,管理起来会非常困难。为了解决以上问题,C语言提供了结构体类型,这种类型适合用来描述由不同数据类型的数据构成的复合数据。

7.1　结　构　体

7.1.1　结构体类型的定义

结构体类型用于描述由多个不同数据类型的数据构成的复合数据,是一种用户自定义数

据类型。定义格式为

```
struct  <结构体类型名>
{
    <成员表>
};
```

例如，以下是一个描述学生信息的结构体类型定义。

```
struct student
{
    long   number;
    char   name[20];
    char   sex;
    float  score;
};
```

在这个结构体定义中，结构体类型名为 student，该结构体由 4 个成员组成。第 1 个成员为 number，整型变量；第 2 个成员为 name，字符数组；第 3 个成员为 sex，字符变量；第 4 个成员为 score，实型变量。应注意在花括号后的分号是不可少的。

结构体定义之后，相当于是定义了一种新的数据类型，接下来就可以进行结构体变量的声明了。凡声明为结构体 student 类型的变量，都由上述 4 个成员组成。student 结构体如图 7-2 所示。

student 结构体	
成员	数据类型
number	整型变量
name	字符数组
sex	字符变量
score	实型变量

图 7-2　student 结构体

结构体类型的成员可以是任意的 C 语言数据类型。结构体成员之间在逻辑上没有先后次序关系，但成员的定义次序会影响成员在内存中的存储位置。

4 种定义结构体的方法如下。

1. 先定义结构体，再声明结构体变量

例如：

```
struct student
{
  long num;
  char name[20];
  char sex;
  float score;
};
```

```
struct student s1,s2;
```

定义了两个 student 结构体类型的变量 s1 和 s2。

2. 在定义结构体类型的同时声明结构体变量

例如：

```
struct student
{
  long num;
  char name[20];
  char sex;
  float score;
}s1,s2;
```

3. 直接声明结构体变量

例如：

```
struct
{
  long num;
  char name[20];
  char sex;
  float score;
}s1,s2;
```

4. typedef 引用别名来定义

```
typedef struct student STUDENT;
struct student
{
  long num;
  char name[20];
  char sex;
  float score;
};
STUDENT s1,s2;
```

第 3 种方法与第 2 种方法的区别在于第 3 种方法中省去了结构体名，而直接给出结构体变量。这种方法因为没有给出结构体名，所以不能用来在后面的程序中声明此结构体类型的变量，因此在实际编程时这种方法用得较少。

4 种方法中声明的 s1，s2 变量都具有如图 7-3 所示的结构体。

在上述 student 结构体定义中，所有的成员都是基本数据类型或数组类型。成员也可以是一个结构体，即构成了嵌套的结构体。例如，图 7-4 给出了一个嵌套结构体的数据。

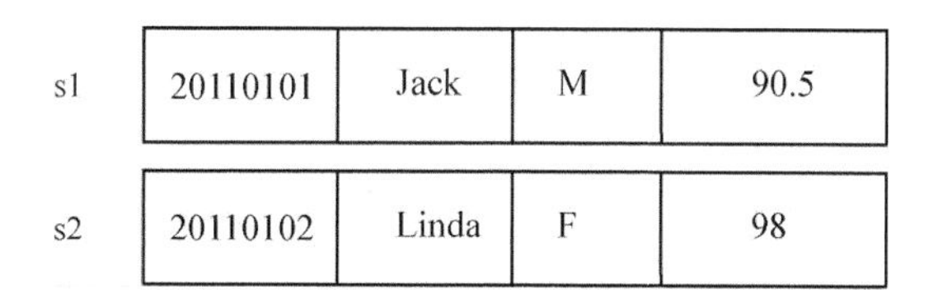

s1	20110101	Jack	M	90.5
s2	20110102	Linda	F	98

图 7-3　变量 s1,s2 的结构

num	name	sex	birthday			score
			month	day	year	

图 7-4　结构体的嵌套

按图 7-4 可给出以下结构体定义。

```
struct date
{
        int month;
        int day;
      int year;
};
struct student
{
        long num;
        char name[20];
        char sex;
        struct birthday;
}stu1;
```

以上代码段首先定义一个结构体 date,由 month(月)、day(日)、year(年) 3 个成员组成。在声明变量 stu1 时,其中的成员 birthday 被声明为 date 结构体类型的成员。

7.1.2　结构体成员的访问

在 C 语言中,除了允许具有相同数据类型的结构体变量相互赋值以外,一般对结构体变量的使用,包括赋值、输入、输出、运算等都是通过结构体变量的成员来实现的。

结构体变量的成员访问方式为

＜结构体变量名＞.＜结构体成员名＞

结构体变量的每个成员都可以看作一个独立的变量,称为成员变量,对成员变量所能做的操作由成员变量的类型决定。例如,下面的操作是合法的。

```
s1.number=2010001;                //number 成员是 long 类型
strcpy(s1.name, "linda");         //name 成员是字符数组类型
```

结构体成员要和结构体变量名联合使用,即以“结构体变量名.成员名”的方式访问,所以

不同结构体类型的成员名字可以相同，并且它们还可以与程序中的其他非结构体成员的名字相同，不会引起歧义或冲突。

如果结构体变量的成员本身又是一个结构体类型，则要用若干成员运算符找到最低一级成员，只能对最低一级的成员进行赋值或者读写及运算。例如，对以上定义的结构体变量stu1，可以通过以下方式访问其中各成员。

```
stu1.num
stu1.birthday.month
```

其中，成员 birthday 本身是一个结构体变量，不能用 stu1. birthday 来访问 stu1 中的成员 birthday，只能对最低一级的成员进行访问。

相同结构体类型的数据可以进行整体赋值。若有定义

```
struct student s1 , s2;
```

则可以使用以下赋值语句：

```
s2=s1;
```

7.1.3 结构体变量的初始化

在定义结构体变量的同时可以对其进行初始化，格式与数组变量初始化类似，用花括号把每个成员的初始值括起来，每个初始值与相应的成员对应。例如，对 student 结构体类型的变量 s1 进行初始化。

```
struct student s1={2010001,"linda",'F',97};
```

在定义结构体类型时不能对其成员进行初始化，因为类型不是程序运行时的实体，不会给它们分配内存空间，因此，对其初始化没有意义。

结构体变量在内存中占用一块连续的内存空间，各成员按照它们在结构体类型中的定义次序存储在这块内存空间中。结构体变量所占内存空间的数量是各成员所占内存空间的总和。因此以上定义的结构体变量 s1,s2 的内存空间大小分别为 1 个整型数据(long num)、20 个字符型数据(char name[20])、1 个字符型数据(char sex)与 1 个实型数据(float score)所需内存空间的总和。

7.2 结构体与函数

C 语言允许将一个结构体类型数据传递给一个函数，该函数的形式参数应定义为结构体类型，调用该函数时的实际参数则写结构体变量的名字。C 语言也允许函数返回一个结构体变量，此时应将函数返回值类型定义为该结构体类型。

【例 7-9】 定义一个 display_student_info 函数显示学生信息，并在 main 函数中调用该函数。

```
#include <stdio.h>
#define N 5
struct student
{
```

```
    char num[20];
    char name[20];
    char college[20];
    char specialities[20];
    int grade;
}stu = {"2013022101", "刘一", "计算机科学系", "软件工程", 2013};
int print(struct student s);
int main()
{
    print(stu);
}
int print(struct student s)
{
    printf("    学号 姓名 系部 专业 年级\n");
    printf("%s %s %-20s %s %d\n", s.num, s.name, s.college, s.specialities, s.grade);
}
```

本例中，首先定义了结构体类型 struct student，然后定义了一个用于显示学生信息的函数 print。从该函数的函数原型 void print(struct student s)来看，该函数没有返回值，需要一个结构体变量作为实际参数。从函数的定义可知，其功能为输出从主调函数传递过来的实际参数这一结构体变量的各成员信息。因此，主函数中定义并初始化结构体变量 stu 之后，用该变量作为实际参数调用“print(stu);”，该语句将输出结构体变量 stu 中各成员的数据。

该程序的运行结果如图 7-5 所示。

```
   学号     姓名       系部                  专业     年级
2013022101 刘一  计算机科学系              软件工程 2013
```

图 7-5　例 7-9 程序的运行结果

7.3　结构体与数组

结构体类型通常用来描述同一对象的不同属性。在实际应用中，用户要处理的信息不仅仅是一个对象，而是多个对象，如描述某班同学个人信息的表格，这张表格中每位同学都有学号、姓名、性别、考试成绩等属性，适合用结构体类型来描述。如果该班有 20 位同学，也就是有 20 个结构体变量，此时可以用长度为 20 的结构体数组来描述。在实际应用中，经常用结构体数组来表示具有相同数据结构的一个群体，如一个班的学生档案、一个车间职工的工资表等。

7.3.1　结构体数组的定义

结构体数组的定义方法与结构体变量的定义方法类似，可以先定义结构体类型，再定义结构体类型的数组，或者匿名定义。

最常见的定义形式为

结构体类型名 结构体数组名[元素个数];

例如:

```
struct student
{
    long number;
    char name[20];
    char sex;
    float score;
};
struct student stu[3];
```

以上定义了一个结构体数组,数组名为 stu,其中包括 3 个结构体变量:stu[0],stu[1],stu[2]。

7.3.2 结构体数组的初始化

与其他数组一样,结构体数组也可以在定义的时候初始化。在对结构体数组初始化的时候,需要将每个数组元素的数据分别用花括号括起来。

例如:

```
struct student
{
   long number;
   char name[20];
   char sex;
   float score;
}stu[3]={{2010001,"Jack",'M',80},{2010002,"Linda",'F',97},{2010003,"Mike",'M',78}};
```

上例对结构体数组的 3 个数组元素进行了初始化,如图 7-6 所示。

stu[0]	2010001	Jack	M	80
stu[1]	2010002	Linda	F	97
stu[2]	2010003	Mike	M	78

图 7-6 结构体数组的初始化

对全部数组元素作初始化赋值时,定义数组时可以不给出数组长度。

例如:

```
#include <stdio.h>
struct student
{
   long number;
   char name[20];
```

```
    char sex;
    float score;
}stu[ ]={{2010001,"Jack",'M',80},{2010002,"Linda",'F',97},
         {2010003,"Mike",'M',78}};
```

数组的长度没有显式给出，根据初始化的情况，stu 数组的长度为初始值的个数 3。也可以先定义结构体类型 struct student，再定义结构体数组并初始化。

在已有结构体类型 struct student 定义的前提下，可以用如下方式声明结构体数组。

```
struct student stu[3]={{2010001,"Jack",'M',80},{2010002,"Linda",'F',97},
                      {2010003,"Mike",'M',78}};
```

7.3.3　结构体数组的引用

每个结构体数组中的数组元素都是一个结构体变量，对结构体变量的引用规则也适用于结构体数组的数组元素。例如，对结构体数组 stu 中的数组元素成员访问如下。

```
stu[0].number=2010001;
stu[1].score=97;
```

以上语句分别对结构体数组中的第一个数组元素的 number 成员和第二个数组元素的 score 成员进行了赋值。

7.3.4　结构体数组应用举例

下面用一个例子来说明结构体数组的定义、初始化和引用。

【例 7-10】　针对一个班的学生信息实现以下功能。

① 统计该班男生的总人数。

② 按照分数从高到低的顺序输出学生信息。

分析：这批学生的信息可以用一个一维数组来表示，该一维数组的每个数组元素是一个结构体变量，每一位同学的信息包括学号、姓名、性别、分数成员。

程序如下。

```
#include <stdio.h>
#define N 5
struct student
{
    char num[20];
    char name[20];
    char college[20];
    char specialities[20];
    int grade;
}stu[N] = {"2013022101", "刘一", "计算机科学系", "软件工程", 2013,
           "2013022102", "陈二", "计算机科学系", "计科专业", 2013,
           "2013022103", "张三", "计算机科学系", "软件工程", 2013,
           "2014022101", "李四", "数学与计算机科学系", "软件工程", 2014,
```

```
        "2015022101", "王五", "数学与计算机科学系", "数学专业", 2015,};
int main()
{
    int i;
    printf("    学号 姓名 系部 专业 年级\n");
    for(i = 0;i < N;i ++ )
    {
        printf("%s %s %-20s %s %d\n", stu[i].num, stu[i].name, stu[i].college, stu[i].
            specialities, stu[i].grade);
    }
}
```

该程序的运行结果如图 7-7 所示。

```
   学号     姓名    系部                专业   年级
2013022101 刘一 计算机科学系          软件工程 2013
2013022102 陈二 计算机科学系          计科专业 2013
2013022103 张三 计算机科学系          软件工程 2013
2014022101 李四 数学与计算机科学系    软件工程 2014
2015022101 王五 数学与计算机科学系    数学专业 2015
```

图 7-7　例 7-10 程序的运行结果

在以上程序中,使用宏定义"#define N 5"增加程序的灵活性,使得学生人数方便修改。如果学生人数发生变化时,只需要修改宏定义即可,不需要修改程序主体。语句

```
for(i = 0;i < N;i ++ )
    {
        printf("%s %s %-20s %s %d\n", stu[i].num, stu[i].name, stu[i].college, stu[i].
            specialities, stu[i].grade);
    }
```

实现所有数组元素的依次输出。

7.4　结构体与指针

7.4.1　结构体指针变量的定义

一个结构体变量的指针就是该结构体变量在内存单元中的首地址,为了操作此类指针,需要定义指向结构体类型的指针变量,形式为

结构体类型名 * 结构体指针名;

其中,结构体类型名必须是已经定义过的结构体类型。例如,在定义了 student 这一结构体类型后,可以定义如下结构体指针变量。

```
struct student * p;
```

也可以在定义结构体类型的同时定义结构体指针变量。例如：

```
struct student
{
   long number;
   char name[20];
   char sex;
   float score;
} * p;
```

7.4.2　结构体指针变量的引用

在定义了一个结构体指针变量后，必须使它指向一个具体的结构体变量，如有如下定义。

```
struct student stu1,stu2[10], * p1, * p2;
```

则可以进行以下操作。

```
p1=&stu1;      /* 使 p1 指向结构体变量 stu1 */
p2=stu2;       /* 使 p2 指向结构体数组 stu2 的首地址，即第一个数组元素 */
p2++;          /* 使 p2 指向结构体数组 stu2 中的下一个数组元素 */
```

结构体指针变量 p1 和 p2 只能指向结构体变量，不能指向结构体变量中的某个成员，如果要使一个指针指向结构体变量中的某个成员，就必须使该指针与所指向的成员具有相同的类型。例如，语句

```
p1=&stu1.score;
```

是错误的，正确的语句为

```
int  * p;
p1=&stu1.score;
```

将一个结构体指针变量指向一个结构体变量后，可以通过该指针引用它所指向的结构体变量中的成员，形式为

(* 结构体变量).成员名

通过结构体指针变量引用它所指向的结构体变量中的成员还有另一种表示方法，形式为

结构体指针名->成员名

其中，"->"是专门用于引用结构体指针变量所指结构体变量的成员的运算符，这种表示方法与前一种表示方法在作用上完全相同。例如：

```
p1=&stu1;
( * p1).sex='M';
```

或者

```
p1->sex='M';
```

上式是对 p1 所指向的结构体变量成员进行操作，等价于

```
stu1.sex='M';
```

7.4.3 指向结构体数组的指针

与普通指针变量可以指向普通的数组一样，结构体指针变量也可以指向结构体数组，操作方法与通过指针操作普通数组类似。

【例 7-11】 用结构体指针变量操作结构体数组元素，输出结构体数组中各元素的成员。

```
#include <stdio.h>
struct dormitory
{
    char name[20];
    char room[3][100];
    int state[3];
}dorm[3] = {"汇泽园区", "101", "201", "301", 4, 4, 4,
            "洪山园区", "201", "202", "303", 12, 12, 0,
            "维智园区", "402", "502", "602", 12, 10, 12};
int main()
{
    int i;
    struct dormitory *p;
    p = dorm;

    for(i = 0;i < 3;i ++ , p ++ )
    {
        printf("%s:\n", p->name);
        printf("%s 已入住人数:%d\n", dorm[i].room[0], dorm[i].state[0]);
        printf("%s 已入住人数:%d\n", p->room[1], p->state[1]);
        printf("%s 已入住人数:%d\n", (*p).room[2], (*p).state[2]);
    }

}
```

程序中通过指向结构体的指针，实现了对结构体数组中各元素的成员的访问，程序运行结果将输出结构体数组中的每一个元素的成员。该程序的运行结果如图 7-8 所示。

```
汇泽园区:
101 已入住人数: 4
201 已入住人数: 4
301 已入住人数: 4
洪山园区:
201 已入住人数: 12
202 已入住人数: 12
303 已入住人数: 0
维智园区:
402 已入住人数: 12
502 已入住人数: 10
602 已入住人数: 12
```

图 7-8 例 7-11 程序的运行结果

以上程序定义了一个结构体数组 dorm 和一个指向 dormitory 类型结构的指针变量 *p*。在 main 函数中，*p* 被赋予 dorm 数组的首地址，因此 *p* 首先指向 dorm[0]。第一次执行循环体中的语句时，在 printf 语句中输出 dorm[0]的各个成员值。第一轮循环结束后，执行语句 p++，使得指针 *p* 指向了下一个结构体数组元素 dorm[1]，在 printf 语句中输出它所指向的数组元素各成员的值。如此反复，直到最后一个元素。执行过程中指针的变化如图 7-9 所示。

p ——> drom[0]
p′ ——> drom[1]
p″ ——> drom[2]

汇泽园区	101	201	301	4	4	4
洪山园区	201	202	303	12	12	0
维智园区	402	502	602	12	10	12

图 7-9　用指针访问结构体数组

从以上程序的运行结果可以看出：

结构体变量.成员名
（*结构体指针变量）.成员名
结构体指针变量－＞成员名

这 3 种用于表示结构体成员的形式是完全等效的。

7.4.4　结构体指针变量作函数参数

结构体变量可以作为函数参数进行整体传送，但是这种传送要将全部成员逐个传送，特别是成员为数组时将会使传送的时间和空间开销很大，严重地降低了程序的效率。因此，最好的办法就是使用指针，即用指针变量作为函数参数进行传送，这时从实参传向形参的只是地址，从而减少了时间和空间的开销。

【例 7-12】　统计一组学生的平均成绩并统计成绩范围的人数，用结构体指针变量作函数参数编程。

```
#include <stdio.h>
struct student
{
    char name[20];
    float score;
};
void solve(struct student * p);
int main()
{
    struct student stu[10] = {"A", 99,
                              "B", 92,
                              "C", 54,
                              "D", 34,
                              "E", 78,
                              "F", 58,
```

```
                        "G", 84,
                        "H", 75,
                        "I", 60,
                        "J", 100};
    struct student * p;
    p = stu;
    solve(p);

}
void solve(struct student * p)
{
    int i ,excellent, good, pass, fail, Average;

    Average = excellent = good = pass = fail = 0;

    for(i = 0;i < 10;i ++ , p ++ )
    {
        Average += p->score;
        if(p->score >= 90)
            excellent ++ ;
        else if(p->score >= 80)
            good ++ ;
        else if(p->score >= 60)
            pass ++ ;
        else fail ++ ;
    }
    Average /= 10;

    printf("平均分:%d\n", Average);
    printf("优秀人数:%d\n", excellent);
    printf("良好人数:%d\n", good);
    printf("及格人数:%d\n", pass);
    printf("不及格人数:%d\n", fail);
}
```

该程序的运行结果如图 7-10 所示。

```
平均分：73
优秀人数：3
良好人数：1
及格人数：3
不及格人数：3
```

图 7-10　例 7-12 程序的运行结果

以上程序首先定义了结构体类型 struct student，然后使用该类型声明结构体数组 stu 并初始化。main 函数中定义了结构体指针变量 p，并把 stu 数组的首地址赋给它，使得 p 指向 stu 数组，参数 p 获取结构体数组 stu 的首地址，并通过指针逐个访问数组元素，完成平均成绩的计算和统计优秀、良好、及格、不及格人数，最后输出结果。通过该例可以看出，用结构体数组名作为实参，结构体类型指针作为数组的首地址，既达到了传递整个结构体类型数组的目的，又减少了时间和空间的开销。

7.5　联　合　体

联合体(union)的用法与结构体比较类似。将结构体声明中的 struct 换成 union，就可以变成联合体的声明。两者的主要差别在于结构体变量所占内存长度是各成员所占的内存长度之和，每个成员都有独立的内存空间；联合体变量所占的内存长度等于最长的成员所占的内存长度，所有成员共享同一段内存空间。

7.5.1　联合体类型的定义

联合体用于使多个不同数据类型的变量存放到同一段内存空间中，是一种用户自定义类型。定义格式为

```
union <联合体类型名>
{
    <成员表>
};
```

其中，联合体类型名为所定义的联合体类型的名字，用标识符表示；成员表用于对联合体类型各个成员的类型及名字进行描述，其格式与变量声明的语法相同。例如：

```
union data_Store
{
    char ch;
    short i;
    float f;
};
```

它定义了联合体 data_Store，联合体中的成员 ch，i 和 f 共享内存空间。假定 i 占 2 个字节，ch 占 1 个字节，f 占 4 个字节，那么这 3 个成员共享内存空间的方式如图 7-11 所示。

图 7-11　共享内存的方式

7.5.2　联合体变量的定义

与结构体一样，联合体的声明仅定义了一个数据类型，并未分配内存空间，只有声明联合

体变量时才会分配内存空间。联合体变量的定义和结构体一样，既可以先定义联合体类型，然后用该类型名声明变量，也可以联合体与联合体变量同时声明。

1. 先定义联合体，再声明联合体变量

例如：

```
union data_Store
{
    char ch;
    short i;
    float f;
};
union data_Stored;
```

2. 在定义联合体类型的同时声明联合体变量

例如：

```
union data_Store
{
    char ch ;
    short i ;
    float f;
}d;
```

3. 直接声明联合体变量

例如：

```
union
{
    char ch ;
    short i ;
    float f;
}d;
```

在定义联合体变量时，编译器总是根据联合体中占用内存空间最多的成员的要求来分配内存空间。例如，变量 d 就按成员 f 的大小分配内存空间，即分配了 4 个字节。

7.5.3 联合体类型成员的访问

访问联合体中的元素时，也要使用成员运算符，其用法与结构体类似。例如：

```
d.f=3.14;
```

它访问了联合体变量 d 中的成员 f，并在该联合体的内存空间中存入了浮点数 3.14。

7.5.4 联合体应用举例

联合体是在同一段内存空间中放了几个不同数据类型的成员，因此，在某一时刻，该段内存空间中只会存放一个成员的值。如果有几个成员先后使用了这段共享的内存空间，那在该时刻内存空间中保存的一定是最后使用这段内存空间的成员的值。因此，联合体通常用于多种数据类型的数据不需要同时保存和访问的情况下。

【例 7-13】 联合体应用举例。

```
#include <stdio.h>
#include <string.h>
#define N 2
struct Quadrilateral_Triangle//
{
    int flag;                          //flag = 1 是四边形,flag = 2 是三角形
    int edge_num;                      //边数
    char name[20];                     //形状的名字
    union
    {
        int edge_Q[4];                 //四边形四条边
        int edge_T[3];                 //三角形三条边
    }edge;                             //边
};
int main()
{
    int i, j;
    struct Quadrilateral_Triangle Q_T[N];

    for(i = 0;i < N;i ++ )
    {
        printf("1. 四边形   2. 三角形\n");
        scanf("%d", &Q_T[i]. flag);
        if(Q_T[i]. flag == 1)
        {
            Q_T[i]. edge_num = 4;              //把边的数赋值
            strcpy(Q_T[i]. name, "四边形");  //赋值形状的名字
            printf("请输入四边形四条边的长度:\n");
            scanf("%d%d%d%d", &Q_T[i]. edge. edge_Q[0], &Q_T[i]. edge. edge_Q[1],
                &Q_T[i]. edge. edge_Q[2], &Q_T[i]. edge. edge_Q[3]);
        }
        else if(Q_T[i]. flag == 2)
        {
            Q_T[i]. edge_num = 3;              //把边的数赋值
            strcpy(Q_T[i]. name, "三角形");  //赋值形状的名字
            printf("请输入三角形三条边的长度:\n");
            scanf("%d%d%d", &Q_T[i]. edge. edge_T[0], &Q_T[i]. edge. edge_T[1], &Q_
                T[i]. edge. edge_T[2]);
        }
    }

    for(i = 0; i< N;i ++ )                     //输出所有形状及它的边的长度
    {
        printf("%s %d 条边的长度:\n", Q_T[i]. name, Q_T[i]. edge_num);
        for(j = 0;j <  Q_T[i]. edge_num;j ++ )
            printf("%d ", Q_T[i]. edge. edge_T[j]);
        printf("\n");
    }
}
```

该程序的运行结果如图 7-12 所示。

```
1.四边形  2.三角形
1
请输入四边形四条边的长度:
2 3 3 3
1.四边形  2.三角形
2
请输入三角形三条边的长度:
2 3 3
四边形 4条边的长度:
2 3 3 3
三角形 3条边的长度:
2 3 3
```

图 7-12　例 7-13 程序的运行结果

本例中,Quadrilateral_Triangle 结构体成员 edge 的类型是联合体变量,之所以这样定义是因为 Quadrilateral_Triangle 结构体是用来记录四边形信息或三角形信息的,而四边形和三角形的信息有相同的成员,也有不同的成员,我们把两者不相同的成员放在联合体中,在程序中通过判断 flag 成员的值来确定当前要记录的是四边形信息还是三角形信息。

7.6 枚　　举

如果一个非数值类型的变量只有几种可能的取值,则在 C 语言中可以将其定义为枚举类型。枚举,顾名思义就是使用罗列的方式将变量的值一一列举出来。

7.6.1 枚举类型的定义

枚举类型的定义格式为

enum 枚举名{标识符 1,标识符 2,…,标识符 n};

例如:

```
enum month{Jan,Feb,Mar,Apr,May,June,July,Aug,Sep,Oct,Nov,Dec};
```

该语句依次列举了一年中的 12 个月,并定义为 month 类型。这时 Jan 的取值为 0,Feb 的取值为 1,依次类推。

而语句:

```
enum month{Jan=1,Feb,Mar,Apr,May,June,July,Aug,Sep,Oct,Nov,Dec};
```

的写法则规定了 Jan 的初始值为 1,Feb 的取值为 2,依次类推。

但是如果语句为

```
enum month{Jan=100,Feb,Mar,Apr,May=200,June,July,Aug,Sep,Oct,Nov, Dec};
```

则 Feb,Mar,Apr 分别定义为 101,102,103,而 May 定义为 200,其后的依次定义为 201,202,…,207。

7.6.2　枚举类型变量的定义

有了枚举类型后，就可以定义它的变量。例如，我们可以使用上面定义的枚举类型 month 声明变量。

```
month mth;
```

mth 只能在 month 的枚举常量范围内取值。如果超出了该范围，就会导致编译错误。

7.6.3　枚举类型变量的赋值和使用

枚举类型定义的枚举常量可以作为整数使用，但是把数值赋给枚举类型变量必须进行强制类型转换，否则会出错。例如：

```
#include<stdio.h>
int main()
{
    enum month{Jan,Feb,Mar,Apr,May,June,July,Aug,Sep,Oct,Nov,Dec};
    enum month a,b,c;
    a = Jan;
    b = Feb;
    c = Mar;
    printf("%d, %d, %d\n",a,b,c);
    return 0;
}
```

该程序的运行结果如图 7-13 所示。

```
0, 1, 2
```

图 7-13　程序的运行结果

不能直接把枚举常量对应的整数值赋给枚举变量。例如：

```
a = Jan;
b = Feb;
```

是正确的，而

```
a=0;
b=1;
```

是错误的。如果一定要把数值赋予枚举变量，则必须进行强制类型转换。例如：

```
a=(month )1;
```

其意义是将顺序号为 1 的枚举元素赋予枚举变量 a，相当于

```
a=Feb;
```

还应该说明的是枚举元素不是字符串常量，使用时不要加双引号。

第3节 应用实践

三色 LED

将雾状 LED 与 Arduino 的 pwm 端口相连，将电位计与 A0 相连，通过 A0 读取的模拟数据来决定雾状 LED 的颜色，如图 7-14 所示。

```
struct ledlight
{
  int red;
  int green;
  int blue;
  int ledval;
}led;
void setup() {
  led.red=11;
  led.green=9;
  led.blue=10;
  led.ledval=0;
  pinMode(led.red,OUTPUT);
  pinMode(led.green,OUTPUT);
  pinMode(led.blue,OUTPUT);
  Serial.begin(9600);
  // 初始化代码

}

void loop() {
  led.ledval=analogRead(A0)/4;
  analogWrite(led.red,led.ledval);
  delay(20);
  analogWrite(led.blue,led.ledval);
  delay(20);
  analogWrite(led.green,led.ledval);
  delay(20);
  // 主要代码

}
/* 该段程序是用雾状 LED 显示不同亮度、不同颜色，将 LED 引脚与亮度值写在一个结构体里 */
```

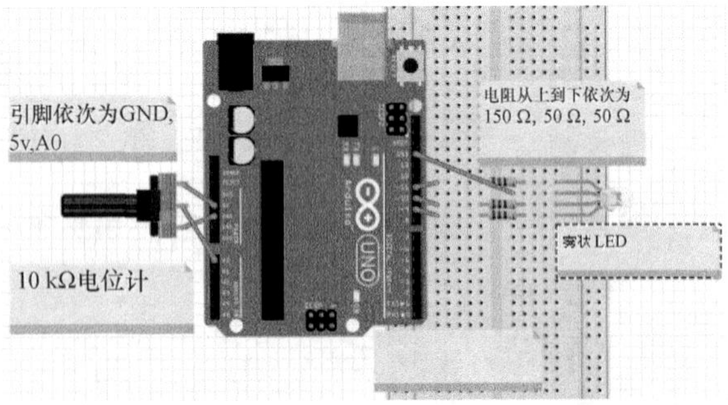

图 7-14 三色 LED

第 8 章　链　　表

8.1　链表结构

结构体中包含一个指向自身结构体类型的指针，这样的结构体称为链表结构。链表结构的对象又叫节点。每个节点的指针指向下一个同类型节点，由此形成链表。例如，people 结构体如下。

```
struct people {
  char name[20];          /* 姓名      */
  int number;             /* 编号      */
  people * next;          /* 链接指针  */
};
struct people * head;     /* 定义链表结构指针变量 head，表示头指针   */
```

people 形成的链表如图 8-1 所示。链表结构的 next 成员指向下一个链表节点，next 指针是链接指针，称为后继指针。节点的后继指针指向的节点称为该节点的后继节点，该节点称为其后继节点的前驱节点，该节点的后继指针称为其后继节点的前驱指针。

在图 8-1 中，链表的第一个节点的地址 0x12ff30 保存在头指针变量 head 中（在图 8-1 中，指针变量 head 本身的内存空间未画出。为了突出链表节点，本章后面的示意图均不画出指针本身占据的内存空间）。

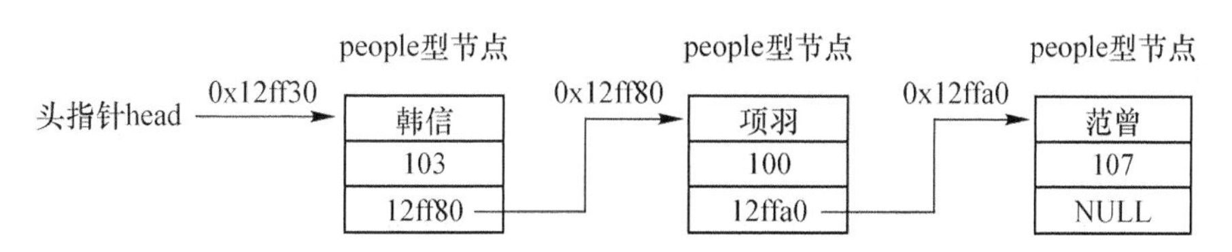

图 8-1　people 链表示意图

头指针指向第一个节点（称为头节点），第一个节点的后继指针指向第二个节点，第二个节点的后继指针指向第三个节点，一直到最后一个节点，该节点的后继指针为空，称为尾节点。由此看来，链表是通过指针把结构体型数据链接起来形成的，链表结构是一种自定义动态数据结构。由于指针具有动态性，所以链表是动态的，可以依据需要增加或减少其长度。从图 8-1 的指针值可以看出，相邻节点可以不连续存放。当数据的个数不可预知时，或者若干数据不连续存放时，使用链表存储这类数据是合适的。链表的主要优点是动态分配、节省内存、无须连续存放、可以随意增加和插入数据。链表的应用十分广泛。

【例 8-1】 指出图 8-2 中节点 *B* 的前驱节点与后继节点。

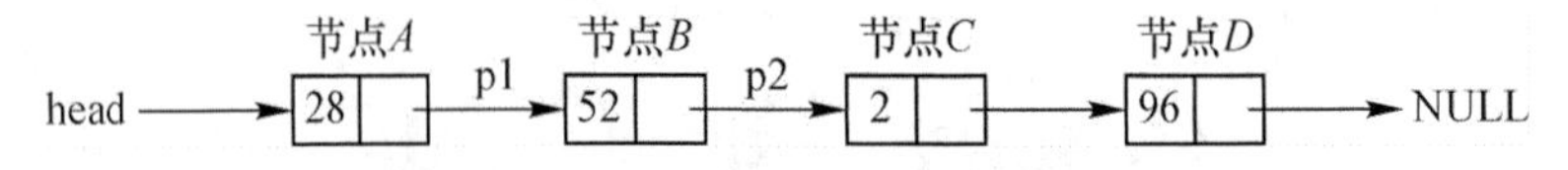

图 8-2 链表示意图

在图 8-2 中，head 是链表的头指针。节点 *B* 的前驱指针是 p1，节点 *B* 的后继指针是 p2。节点 *B* 的前驱节点是节点 *A*，节点 *B* 的后继节点是节点 *C*。

依据链表结构中链接指针的数量，链表可以分为单向链表和双向链表。

8.2 单向链表

单向链表的节点中只有一个指针成员，用于存放下一个节点的首地址。一个单向链表总有一个头指针，操作链表从头指针开始。指向链表最后一个节点的指针称为尾指针，尾指针的链接成员为空(NULL)，链表到此结束，如图 8-3 所示。

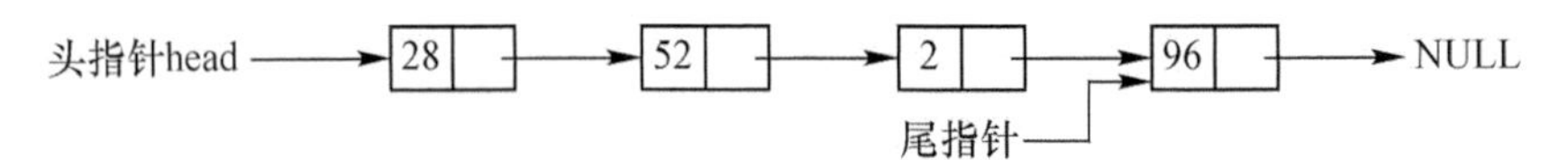

图 8-3 单向链表示意图

不失一般性，假定单向链表节点结构体的定义为

```
struct Node
{
    int data;                    /* 节点数据 */
    Node * next;                 /* 链接指针，指向下一个节点 */
};
typedef struct Node node;        /* 这样定义是为了书写方便 */
node * head=NULL;                /* 定义链表头指针 */
```

为了理解单向链表的基本操作，先熟悉与访问链表节点有关的一些方法。

很显然，要访问某个节点，必须知道其前驱指针，即掌握了节点前驱指针，就掌握了该节点及其后继的所有节点。

- 求后继指针的方法：已知某节点的前驱指针为 *p*，则其后继指针为 p-next。
- 求指针前移的方法：已知指针 *p* 指向某节点，则 *p* 前移，指向该节点的后继节点的语句是“p=p－＞next;”，如图 8-4 所示。

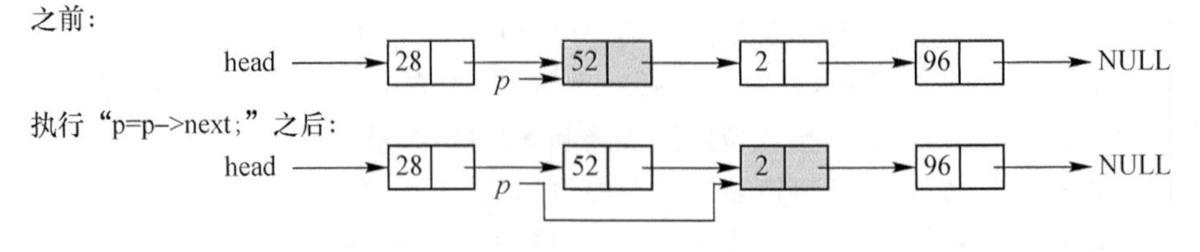

图 8-4 指针 *p* 前移示意图

注意:因为节点不一定是连续存放的,所以不能用 p++或 p+1 求前移后的指针。

● 求前驱指针的方法:从头指针指向的节点开始,逐个遍历,直到指定节点为止。如图 8-5 所示,假设欲求值为 2 的节点的前驱指针。先让 *p* 指向头节点"p=head",若 *p* 指向节点的data不为 2,则 *p* 前移,语句为

```
while(p && p->data != 2) p=p->next;            /* 遍历,找到指定节点 */
```

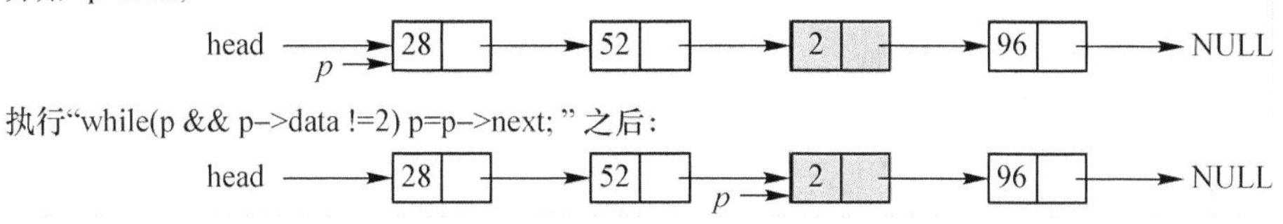

图 8-5　求值为 2 的节点的前驱指针

单向链表的基本操作有建立链表、遍历链表、查找节点、删除节点、插入节点。

1. 建立链表

所谓建立链表,是指一个一个地输入各节点数据,并建立起各节点前后相连的关系。新建立的节点通常采用动态存储分配来定义,使用 malloc 函数开辟新节点。建立一个链表可以采用链表尾、插表头两种方法。限于篇幅,这里以链表尾方法说明怎样建立链表。

采用链表尾方法创建链表,就是每次新建一个节点,然后把这个新节点链接到链表尾部。主要算法如下。

① 定义头指针 head 和尾指针 tail,语句为

```
node *head=NULL, *tail=NULL;
```

② 新建一个节点,语句为

```
node *pnew=(node *)malloc(sizeof(node));
```

输入数据,给该节点成员赋值,即

```
pnew->data=输入数据; pnew->next=NULL;
```

③ 让 head 和 tail 指向 pnew,语句为

```
head=pnew; tail=head;
```

④ pnew 指向一个新建节点,输入数据并给该节点成员赋值(与步骤②相同)。

⑤ 新节点与 tail 链接起来,语句为

```
tail->next=pnew;   /* 链接起来 */
tail=tail->next;   /* 尾指针前移 */
```

⑥ 重复④和⑤,直到输入结束。

算法的第 5 步是关键,首先使尾指针的后继指针指向新节点,然后尾指针前移。如图 8-6 所示是采用上述算法输入节点数据 1,2,3,4,5 创建链表的情形。

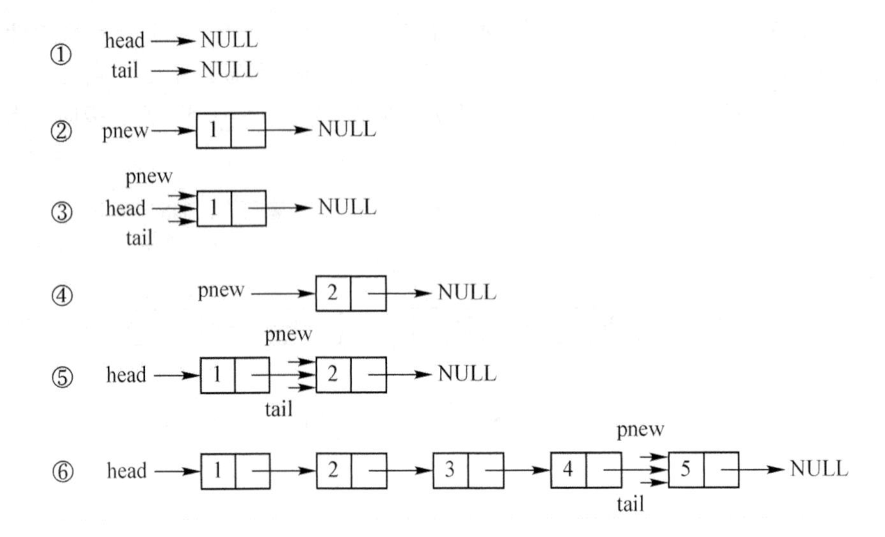

图 8-6　创建单向链表算法图解

【例 8-2】 建立链表,输入整数生成一个新节点插入到链尾。

```
/* 建立链表:输入整数,生成新节点插入到链尾 */
#include <stdio.h>
#include <string.h>
#include <stdlib.h>
struct node
{
    int data;
    struct node *next;
};
struct node *CreateList()
{
    int idata;
    char cdata[32];
    struct node *head, *tail;
    struct node *pnew;
    head=(struct node *)malloc(sizeof(struct node));
    if(head==NULL)
    {
        printf("No memory available\n");
        return NULL;
    }
    else
    {
        printf("请输入数据:");                /* 提示用户输入数据 */
        scanf("%s", cdata);                  /* 输入字符串表示的数据 */
        idata=atoi(cdata);                   /* 字符串转换为整型数 */
        head->data=idata;                    /* 头节点数据成员 */
```

```
        head->next=NULL;                    /* 头节点后继指针 */
        tail=head;                          /* 只有一个头节点时,尾指针也指向头节点 */
    }
    while(1)
    {
        pnew=(struct node *)malloc(sizeof(struct node));          /*新建节点*/
        if(head==NULL)
        {
            printf("No memory avaiable! \n");
            return NULL;
        }
        else
        {
            printf("请输入数据:");
            scanf("%s", cdata);
            if((idata=atoi(cdata))==0)
            {
                printf("输入结束(Y/N)?:");
                scanf("%s",cdata);
                if ( *cdata=='y' || *cdata=='Y')
                    break;
            }
            pnew->data=idata;
            pnew->next=NULL;
            tail->next=pnew;
            tail=tail->next;
        }
    }
    return head;
}

int main()
{
    struct node *head=CreateList();
    return 0;
}
```

该程序的运行结果如图 8-7 所示。

```
请输入数据: 1
请输入数据: 2
请输入数据: 3
请输入数据: 4
请输入数据: 5
请输入数据: 0
输入结束(Y/N)?: y
```

图 8-7　例 8-2 程序的运行结果

2. 遍历链表

所谓遍历链表，就是从链表头节点开始依次访问链表中的每个节点的信息。遍历链表的访问操作有输出节点信息、查找节点、修改节点成员。遍历链表并输出节点信息的算法如下。

① 设置一个指针变量 *p* 指向头节点。若 *p* 不为 NULL，则输出 *p* 所指向的节点的值。

② *p* 移到下一个节点，若 *p* 不为 NULL，则输出 *p* 所指向的节点的值。

③ 重复②直到 *p* 为空指针值为止。

【例 8-3】 输出链表中各节点成员的值。

```
/＊输出链表 head 中各节点 data 成员的值 ＊/
void PrintList(struct node ＊head)
{
    while(head)
    {
        printf("%d->",head->data);
        head=head->next;
    }
    printf("NULL");
}
```

3. 查找节点

在链表中查找节点成员的算法如下。

① 设置一个指针变量 *p* 指向 head。

② 判断 *p* 所指向节点值是否与被查找值相等。若相等则结束查找，否则 *p* 移到下一个节点。

③ 重复②直至 *p* 为空指针值。

【例 8-4】 在链表 head 中查找包含指定整数 *n* 的节点。

```
struct node＊ FindNode(struct node ＊head,int n)
{
    while(head && head->data!=n)
        head=head->next;
    return head;
}
```

4. 删除节点

所谓删除节点，就是去掉链表中的指定节点。删除节点不能破坏链表的链接关系，一个节点被删除后，它原来的前驱节点的后继指针指向它的后继节点。通称情况下，删除节点时，要使用 free 函数释放节点占据的内存空间。如果不一定从内存中真正删除节点，则只要改变链表中的链接关系即可。删除节点的算法如下。

① 若 head 为 NULL，则直接返回 NULL，否则求指定节点的前驱指针 pc 和指定节点的

前驱节点的前驱指针 pp。

② 若删除的是头节点，则头指针前移，即

```
head=head->next;
```

否则，前驱节点与后继节点链接，即

```
pp->next=pc->next;
```

③ 删除指定节点(见图 8-8)，即

```
free(pc);
```

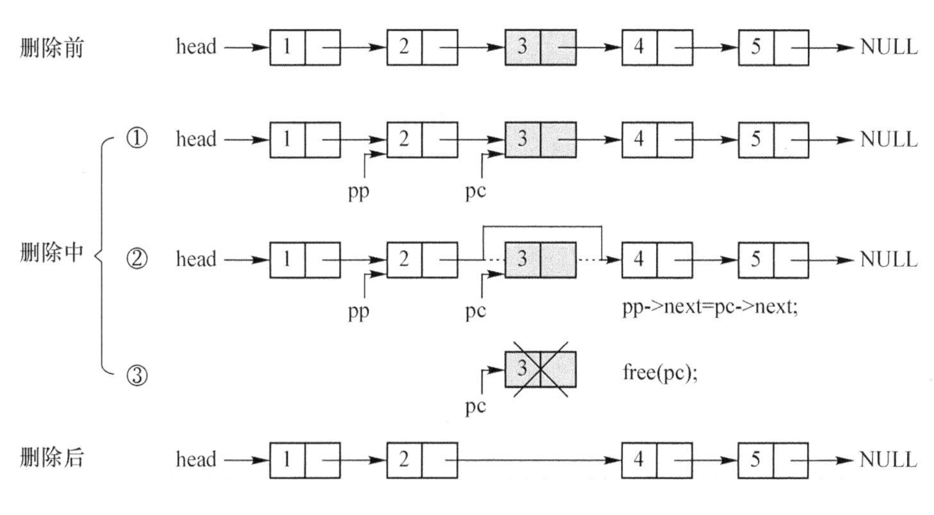

图 8-8　删除节点(值为 3)的示意图

【例 8-5】 从链表 head 中删除包含整数 n 的节点(只删除找到的第一个节点)。

```
struct node * DeleteNode(struct node * head,int n)
{
    if(head->data==n)                          /* 要删除的节点为头节点 */
    {
        struct node * temp=head->next;
        free(head);
        return temp;
    }
    struct node * now=head, * pre=NULL;   /* 初始化当前指针和前驱指针 */
    while(now && now->data! =n)
    {
        pre=now;
        now=now->next;
    }
    if(now)                                    /* 存在要删除的节点 */
    {
        pre->next=now->next;
```

```
        free(now);
    }
    return head;
}
```

5. 插入节点

在链表中插入节点,就是把一个已知节点插入到链表中指定节点之前或之后。插入节点操作不能破坏链表的链接关系。插入节点包含了查找节点的过程,插入时,不仅要确定插入在指定节点之前还是之后,还要考虑链表为空或插入到链首的情况。假设链表已按 data 成员升序排序,新节点 pnew 插入到链表的算法如下。

① 首先判断,若链表为空,head 指向新节点即可。语句为

```
if(head==NULL)                          /* 判断链表为空 */
{
  head=pnew;                            /* head 指向新节点 */
  head->next=NULL;
}
```

② 否则判断,若插入到链首,则新节点后继指针指向头节点,头节点指向新节点。语句为

```
if(pnew->data<head->data)               /* 判断插在链首 */
{
  pnew->next=head;
  headt=pnew;
}
```

③ 否则,查找指定节点,使指定节点的后继节点的 data 小于新节点的 data。语句为

```
pp=head;                                /* 从头节点开始 */
while(pp->next&&pp->next->data<pnew->data)
{
pp=pp->next;                            /* 遍历查找指定节点 */
}
```

找到后,把新节点 pnew 插入到指定节点 pp 之后,新节点的后继指针指向指定节点的后继节点,指定节点的后继指针指向新节点,如图 8-9 所示。语句为

```
pnew->next=pp->next;
pp->next=pnew;
```

注意:插入时应先链接新节点的后继指针(pnew->next=pp->next;),再链接新节点的前驱指针(pp->next=pnew;),此操作顺序切不可反过来。

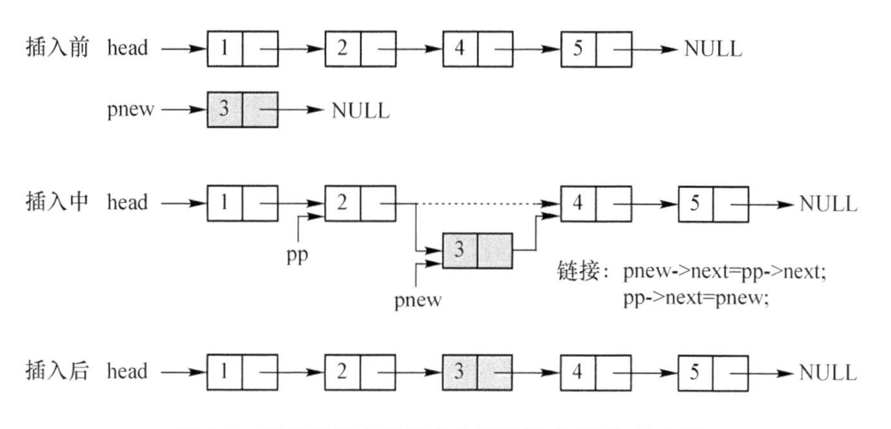

图 8-9 新节点插入到链表中指定节点(值为 2)之后

【例 8-6】 输入整数 n，创建新节点插入头指针为 head 的链表中(设链表已按升序排序)。

```
struct node * InsertNode(struct node * head,int n)
{
    struct node *pc=head;
    struct node *pp=NULL;
    struct node *pnew=NULL;
    while(pc && pc->data<n)
    {
        pp=pc;
        pc=pc->next;
    }
    pnew=(node *)malloc(sizeof(node));                /* 新建节点 */
    if(pnew==NULL)
    {
        printf("No memory avaiable! \n");
        return NULL;
    }
    else
    {
        pnew->data=n;                                 /* 新节点初始化 */
        if(pp==NULL)                                  /* 若插入到表头 */
        {
            pnew->next=pc;
            return pnew;
        }
        else
        {
            pnew->next=pc;
            pp->next=pnew;
            return head;
```

```
            }
        }
    }
```

6. 其他操作

链表的其他操作还有删除链表、断开链表、合并链表、链表排序等。限于篇幅,不一一说明。

【例 8-7】 删除链表的所有节点,回收内存空间。

```
struct node * DeleteList(struct node * head)
{
    struct node * temp=head;
    while(temp)
    {
        head=head->next;
        free(temp);
        temp=head;
    }
    return NULL;
}
```

【例 8-8】 按照链表节点的 data 升序排序。

```
/*排序方法:采用选择排序算法,交换节点数据,链接指针不动*/
int SortAscending(structnode * hd)
{
  structnode * p1=hd, * p2;              /*定义两个临时指针*/
  while(p1)                              /*选择排序外循环*/
  {
p2=p1->next;                             /*从 p1 的下一个节点开始*/
while(p2)                                /*选择排序内循环*/
{
      if(p1->data>p2->data)              /*比较成员大小*/
      {
        /*以下 3 句交换节点成员(链接指针除外)*/
        intt=p1->data;
        p1->data=p2->data;
        p2->data=t;
      }
      p2=p2->next;                       /*p2 移动到下一个节点*/
}
p1=p1->next;                             /*p1 移动到下一个节点*/
  }
  return0;
}
```

8.3 双向链表

双向链表的节点结构体中有两个指针成员，一个指向下一个节点(后继节点)，另一个指向前一个节点(前驱节点)。假定双向链表的节点结构体定义为

```
struct BiNode
{
    struct BiNode * pre;                /* 指向前驱节点 */
    int data;                           /* 节点数据 */
    struct BiNode * next;               /* 指向后继节点 */
};
typedef struct BiNode binode;
```

双向链表一般有一个头指针，如图 8-10 所示。双向链表首尾相接可以构成双向循环链表。

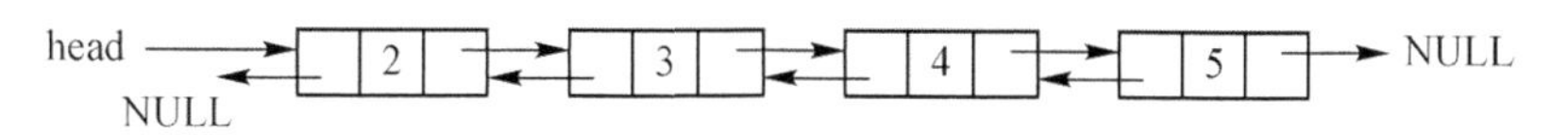

图 8-10　双向链表示意图

1. 建立双向链表

建立双向链表也有链表尾和插表头两种方法。

① 新节点链入链尾法：原尾节点的后继指针指向新节点，新节点的前驱指针指向原尾节点，新尾节点指针指向新节点，新尾节点的后继指针置为空。设新节点指针为 pnew，尾指针为 tail，链接语句为

```
pnew->pre = tail;          /* 新节点的前驱指针指向原尾节点 */
tail->next = pnew;         /* 原尾节点的后继指针指向新节点 */
tail = pnew;               /* 尾节点指针指向新节点 */
tail->next = NULL;         /* 尾节点的后继指针置为空 */
```

② 将新节点插入表头法：原头节点的前驱指针指向新节点，新节点的后继指针指向原头节点，新头节点的前驱指针置为空，头指针指向新节点。设新节点指针为 pnew，头指针为 head，链接语句为

```
pnew->next=head;           /* 新节点的后继指针指向原头节点 */
head->pre=pnew;            /* 原头节点的前驱指针指向新节点 */
pnew=NULL;                 /* 新头节点的前驱指针置为空 */
head=pnew;                 /* 头指针指向新节点 */
```

③ 考虑将新节点插入到链表中间的情况，需要链接新节点的前驱指针和后继指针。假设新节点插在指针 pp 指向的节点(指定节点)之后，新节点指针为 pnew，链接语句为

```
binode *pc=pp->next;       /* 当前指针，指示插入位置 */
pnew->next = pc;           /* 链接后继指针：新节点后继指针指向指定节点
```

```
                                                的后继节点 * /
    pp->next = pnew;                            /* 指定节点的后继指针指向新节点 * /
    pnew->pre = pp;                             /* 链接前驱指针:新节点前驱指针指向指定节
                                                点 * /
    pc->pre = pnew;                             /* 指定节点的前驱指针指向新节点 * /
```

④ 考虑删除链表中间节点的情况。假设待删除的节点指针为 pc,删除时链接语句为

```
pc->pre->next = pc->next;            /* 当前节点的前驱节点的后继指针指向当前节点
                                        的后继指针 * /
if (pc->next != NULL)                /* 若当前节点不是尾节点 * /
    pc->next->pre=pc->pre;           /* 则当前节点的后继节点的前驱指针指向当前节
                                        点的前驱指针 * /
```

2. 遍历双向链表

双向链表的遍历,可以从头节点开始,沿着后继指针从头至尾遍历;也可以从尾节点开始,沿着前驱指针从尾向头遍历。例如,从尾节点开始,在双向链表中查找值为整数 n 的节点的语句为

```
binode * tail=head;                              /* 若没有尾节点,则先找到尾节点 * /
if(tail) while(tail->next) tail=tail->next;/* 走到表尾 * /
binode * pc=tail;                                /* 定义遍历指针 * /
while(pc)
  if(pc->data==n) return pc;                     /* 返回找到的节点指针 * /
  else pc=pc->pre;                               /* 移向前驱节点 * /
return NULL;                                     /* 未找到 * /
```

有关双向链表的详细操作,请看下面的范例。

【例 8-9】 利用链表完成多项式的加法计算。

```
#include "stdio.h"
#include "stdlib.h"
struct Poly                                /* 多项式项 * /
{
  float coe;                               /* 系数 * /
  int exp;                                 /* 指数 * /
};

struct node                                /* 多项式链节点 * /
{
    struct Poly data;                      /* 节点数据 * /
    struct node * next;                    /* 后继指针 * /
};

typedef struct Poly poly;
//typedef struct Node node;
```

```
/* 多项式项 e 降序插入多项式链 head */
void insertList(struct node ** head, poly e)
{
  int insert=0;
  struct node * p1, * p2;                              /* 临时指针,指向两相邻节点 */
  struct node * p=(struct node *)malloc(sizeof(struct node));   /* 新节点 */

  p->data=e;
  p->next=NULL;
  if((* head==NULL) || (p->data.exp>(* head)->data.exp))      /* 若插在链首 */
  {
    p->next= * head;
    * head=p;
  }
  else
  { /* 若不插在链首 */
    p1= * head; p2=(* head)->next;
    while(p2!=NULL)
    {
      if(p->data.exp > p2->data.exp)               /* 插在 p2 之前 */
      {
        p->next=p2;
        p1->next=p;
        p2=NULL;
        insert=1;
      }else{                                        /* 插在 p2 之后 */
        p1=p1->next;
        p2=p2->next;
      }
    }
    if(insert==0) p1->next=p;
  }
}

/* 打印多项式链 */
void printList(struct node * head)
{
  printf("%gx^%d", head->data.coe, head->data.exp);
  head=head->next;
  while(head)
  {
    if(head->data.coe>0) printf("+");
    printf("%gx^%d", head->data.coe, head->data.exp);
    head=head->next;
  }
  printf("\n");
}
```

```
/ * 输入多项式项并插入多项式链 head * /
void inputpoly(node ** head)
{
  poly x;
  printf("请输入多项式系数和指数，输入 0 系数结束。\n");
  while(1)
  {
    printf("系数 指数：");
    scanf("%f", &x.coe);
    if(x.coe==0)break;
    scanf("%d",&x.exp);
    insertList(head, x);
  }
}
/ * 销毁多项式链 head * /
void deleteList(struct node * head)
{
  struct node * pt;
  while(head)
  {
    pt=head;
    head=head->next;
    free(pt);
  }
}

/ * 多项式相加：pa+pb -->pc * /
void addList(node * pa, node * pb, node ** pc)
{
  poly x;                                      / * 临时项 * /
  struct node * p1, * p2;                      / * 临时工作指针 * /
  p1=pa; p2=pb;

  while(p1 || p2)
  {
    if(! p1)                                   / * 若 p1 为 NULL，则 p2 插入 pc * /
    {
      while(p2) {insertList(pc,p2->data); p2=p2->next;}
      break;
    }
    if(! p2)                                   / * 若 p2 为 NULL，则 p1 插入 pc * /
    {
      while(p1) {insertList(pc,p1->data); p1=p1->next;}
      break;
    }
    if(p1->data.exp > p2->data.exp)            / * pa 指数大于 pb 指数 * /
    {
```

```
            insertList(pc,p1->data);                        /* pa 插入 pc */
            p1=p1->next;
        }else if(p1->data.exp < p2->data.exp){              /* pa 指数小于 pb 指数 */
            insertList(pc,p2->data);
            p2=p2->next;
        }else{                                              /* pa 指数等于 pb 指数 */
            x.coe=p1->data.coe+p2->data.coe; x.exp=p1->data.exp;      /* 系数相加 */
            if(x.coe) insertList(pc,x);
            p1=p1->next;
            p2=p2->next;
        }
    }
}
int main()
{
    struct node *pa=NULL, *pb=NULL, *pc=NULL;      /* 多项式链 pa,pb,pc */
    inputpoly(&pa);                                 /* 输入并创建多项式 pa */
    printList(pa);                                  /* 打印多项式 pa */
    inputpoly(&pb);                                 /* 输入并创建多项式 pb */
    printList(pb);                                  /* 打印多项式 pa */
    addList(pa,pb,&pc);                             /* 多项式 pa 加多项式 pb，和为 pc */
    printList(pc);                                  /* 打印和 pc */
    return 0;
}
```

该程序的运行结果如图 8-11 所示。

```
请输入多项式系数和指数，输入0系数结束。
系数 指数: 2 3
系数 指数: 5 2
系数 指数: 1 4
系数 指数: 0
1x^4+2x^3+5x^2
请输入多项式系数和指数，输入0系数结束。
系数 指数: 6 4
系数 指数: 3 1
系数 指数: 0
6x^4+3x^1
7x^4+2x^3+5x^2+3x^1
```

图 8-11 例 8-9 程序的运行结果

第9章　函　　数

第1节　范例导学

【例9-1】 无参函数。

定义一个函数，计算1+2+…+100的结果。

【程序例】

```
#include <stdio.h>

int sum(){
    int i, sum=0;
    for(i=1; i<=100; i++){
        sum+=i;
    }
    return sum;
}

int main()
{
    int a = sum();
    printf("The sum is %d\n", a);
    return 0;
}
```

【结果】

```
The sum is 5050
```

【说明】

函数不能嵌套定义，main也是一个函数定义，要将sum函数放在main函数外面。函数必须先定义，后使用，所以sum函数只能在main函数前面。

注意：main是函数定义，不是函数调用。当可执行文件加载到内存后，系统从main函数开始执行。也就是说，系统会调用我们定义的main函数。

【例 9-2】 有参函数。

求两数中的较大值。

【程序例】

```
#include <stdio.h>

int max(int a, int b){
    if (a>b){
        return a;
    }else{
        return b;
    }
}

int main(){
    int num1, num2, maxVal;
    printf("Input two numbers: ");
    scanf("%d %d", &num1, &num2);
    maxVal = max(num1, num2);
    printf("The max number: %d\n", maxVal);

    return 0;
}
```

【结果】

```
Input two numbers: 100 200 ↙
The max number: 200
```

【说明】

传递数值给函数调用时,圆括号中的变量名或数值,称为实际参数或实参。如果在圆括号中写入接收值的参数,则该参数称为形式参数或形参,函数调用时将实参的值传递给形参。

【例 9-3】 函数返回值。

a 为 16,b 为 10,调用函数 mult 将 a, b 传递给形参。在函数 mult 中,求 $z=x \cdot y$ 后将 z 值返回主函数并显示结果。

【程序例】

```
#include <stdio.h>
int multi(int, int);
int main()
{
    int a, b, c;
    a = 16, b = 10;
    c = multi (a, b);   //函数调用
    printf ("%d * %d = %d \n",a, b, c);
```

```
    return 0;
}

int multi(int x, int y)       //函数 mult
{
    int z;
    z = x * y;
    return z;
}
```

【结果】

```
16 * 10= 160
```

【说明】

函数 multi 中形参 x 取 a 的值，y 取 b 的值，变量 z 进行整型说明后，求 $x \cdot y$ 并赋给变量 z。由"return z;"语句取 z 值为函数值。

【例 9-4】 传址方式的参数值传递。

调用函数 sum 求和并显示，参数取值用传址方式。

【程序例】

```
#include <stdio.h>
void sum(int * , int * , int * , int * , int * );
int main()
{
    int a, b, c, d, e;
    a =10, b =20, c=30, d=40;
    sum (&a, &b, &c, &d, &e);                     //函数调用
    printf ("%d + %d + %d + %d = %d \n ", a, b, c, d, e);
    return 0;
}
void sum(int *p, int *q, int *r, int *s, int *t)     //函数 sum
{
    *t= *p + *q + *r + *s;
}
```

【结果】

```
10+20+30+40=100
```

【说明】

函数传值可使用传址方式。例如，若 a 取 3，b 不赋值：

```
p (&a, &b);  //参数为 &a 和 &b,&a 为 3 的地址,&b 未初始化,为变量 b 的地址
void p (int *p,int *q)
{
```

```
    *q= *p+ *p;
}
```

将存储数值 3 的地址传递给 * p,在 p 函数内,将指针变量 p 所指内容自身相加后传递给指针变量 q,并由其返回给 &b,这样,&b 内为 6。

【例 9-5】 用外部静态变量传递数值。

以外部静态说明方式用"Ccsu"对指针变量 a 进行初始化,在主函数内显示"Ccsu is one University in China."后,调用函数 p1 和函数 p2,分别显示"Ccsu is one beautiful University"和"in China."。

【程序例】

```
#include<stdio.h>
static char *a = " Ccsu ";
int p1(void);
int p2(void);
int main()
{
    printf("%s is one University in China.\n",  a);
    p1();
    p2();
    return 0;
}

int p1(void)
{
    printf("%s is one beautiful University", a);
    return 0;
}

int p2(void)
{
    printf(" in China.");
    return 0;
}
```

【结果】

```
Ccsu is one University in China.
Ccsu is one beautiful University in China.
```

【说明】

① 用外部变量对变量初始化后,变量在全程序中有效。调用函数时,其值仍然有效。

② 本例中以"Ccsu"对变量 a 进行外部静态变量说明并初始化,因此,当用%s 格式显示时,无论在 main 函数还是在其他函数中,同样显示"Ccsu"。

【例 9-6】 外部静态整型变量初始化的函数值传送。

以 a 取 5 对外部静态变量初始化，在 main 函数内显示 a 值后，调用函数 p1 显示 a^2，调用函数 p2 显示 a^3。

【程序例】

```
#include<stdio.h>
static int a = 5;                              //外部静态变量初始化
int p1(void);
int p2(void);
int main()
{
    printf("a = %d\n ", a);
    p1();                                      //函数调用
    p2();
    return 0;
}
int p1(void)
{
    printf("a * a = %d\n", a * a);             //显示 a²
    return 0;
}
int p2(void)
{
    printf("a * a * a = %d\n", a * a * a);     //显示 a³
    return 0;
}
```

【结果】

```
a = 5
a * a = 25
a * a * a = 125
```

【说明】

① “static int a = 5;”表示对外部静态整型变量初始化。

② 在 main 函数内，显示 a 时为 5；调用函数 p1 显示 a^2 时，$a=5$，结果为 25；调用函数 p2 显示 a^3 时，结果为 125。

【例 9-7】 浮点数型函数。

调用浮点数型函数 p1，计算圆周长。要求 p1 中的参数取浮点数 pi=3.141 59，半径为 25.0。

【程序例】

```
#include<stdio.h>
float p1(float, float);  //浮点数型函数说明
int main()
{
```

```
    float pi, r, l;
    pi = 3.14159;
    r = 25.0;
    l = p1(pi, r);                              //调用函数p1,实参为浮点数型
    printf("r = %f\nl = %f\n", r, l);
    return 0;
}
float p1(float pi,float r)                      //函数p1,形参取浮点数型
{
    return 2.0 * pi * r;
}
```

【结果】

```
r = 25.000000
l = 157.079498
```

【说明】

在程序中,"float p1(float, float);"说明函数p1为浮点数型函数。一般而言,整型以外的函数都必须进行类型说明。

【例9-8】 字符数组为参数的函数调用。

以"HELLO EVERYONE"对字符数组 *a* 进行静态初始化,调用函数pr进行显示。

【程序例】

```
#include<stdio.h>
int pr(char p[]);
int main()
{
    char a[] ="HELLO EVERYONE";
    pr(a);
    return 0;
}
int pr(char p[])
{
    printf("%s\n", p);
    return 0;
}
```

【结果】

```
HELLO EVERYONE
```

【说明】

① 程序中用"char a[] ="HELLO EVERYONE ";"对数组 *a* 进行初始化。

② 对于函数pr(a),实参为数组 *a* 的首地址。

③ 函数int pr(char p[])内的形参是 *p* 的地址。

④ “int pr(char p[])；”表示进行类型说明。

【例 9-9】 使用指针变量传送字符串。

用"C Language"对指针变量 *a* 进行初始化，调用函数 pr 进行显示。

【程序例】

```
#include<stdio.h>
int pr(char *p);
int main()
{
   char *a ="C Language";
   pr(a);
   return 0;
}
int pr(char *p)
{
   printf("%s\n", p);
   return 0;
}
```

【结果】

```
C Language
```

【说明】

① 用语句“char *a ="C Language";”将指针变量初始化。

② 调用函数 pr 显示字符串，实参为 *a 的地址。

③ 函数 pr 中的 *p* 是形参，“char *p;”为类型说明。

【例 9-10】 以二维数组为参数调用函数。

计算二维数组的总和。

【程序例】

```
#include<stdio.h>
int sum(int (*arr) [4],int size){
    int s=0;
    for(int j=0;j<3;j++){
        for(int i=0;i< 4;i++){
        //  s += *((*arr)+i);
            s += (*arr)[i];
        }
        arr++;
    }
    return s;
}
int main()
```

```
{
    int data[3][4] = { {1, 2, 3, 4}, {5, 5, 7, 8}, {9, 10, 11, 12} };
    int total = sum(data, 3);
    printf("%d\n",total);
}
```

【结果】

```
77
```

【说明】

在语句"int sum(int (* arr) [4], int size);"中,方括号是必不可少的,因为下面将声明一个由4个指向int的指针组成的数组,而不是一个指向由4个int组成的数组的指针。例如:

```
int * arr[4];              //声明了一个指针数组,这个数组包含4个int指针变量
int ( * arr)[4]            //声明了一个指针变量,这个指针指向由4个int组成的数组
```

还有另外一种声明格式,含义与上述正确原型完全相同,但是可读性更强,即"int sum(int arr[][4], int size);"。

上述两个原型都指出,arr是指针而不是数组。还需要注意的是,"int arr [ ] [4]"的含义是arr是指向由4个int构成的数组的指针;因此,指针类型指定了列数。也就是说,函数形参已经确定了实参数组的列数,这就是为什么没有将列数作为独立的函数参数进行传递的原因。

【例9-11】 多重指针。

用字符串"BASIC"、"FORTRAN"、"COBOL"对字符型指针数组 *a* 进行初始化,传送字符型指针,用函数显示第2个字符串。

【程序例】

```
#include<stdio.h>
int main()
{
    static char * a[] = {"BASIC","FORTRAN","COBOL"};  //初始化
    char ** n;                                         //多重指针类型说明
    n = a;                                             //串首地址赋给n
    f(n);                                              //串首地址为参数,调用函数
    return 0;
}

void f(char ** m)                                      //函数
{
    ++m;                                               //多重指针值加1
    printf("%s\n", * m);
}
```

【结果】

FORTRAN

【说明】

① 以"BASIC"、"FORTRAN"、"COBOL"初始化字符型指针数组 *a*,a[0],a[1],a[2]中存入各字符串的串首地址。

② 用“char ** n;”和“n=a;”指向指针数组 *a*,即 *n* 是指向 a[0]的指针。

n 存储 *a* 中存储的地址：

a[0]——存 a[0]的地址,从 a[0]地址开始存'B','A','S','I','C','\0'。
a[1]——存 a[1]的地址,从 a[1]地址开始存'F','O','R','T','R,'A',N,\0。
a[2]——存 a[2]的地址,从 a[2]地址开始存'C','O','B','O','L','\0'。

③ 将 *n* 传递给函数。*m* 是形参,用++m 使指针前进 1 位,因而指向'B'指针的下一个指针则是指向'F'的指针。这样,用%s 格式显示 *m 时则显示" FORTRAN"。

【例 9-12】 extern。

对“int a”进行 extern 类型说明,在循环体内共进行 5 次++a 运算并显示 *a*;然后调用函数 *s*,在函数外将 *a* 以数值 10 进行初始化,在函数 *s* 内以 100 对 *a* 进行说明和初始化后进行++a 操作并显示 *a*。

【程序例】

```
#include<stdio.h>
extern int a;
int s();
int main()
{
    int i;
    int a = 10;
    for(i=1; i <= 5; i++)
    {
        ++a;
        printf(" %d ", a);
        s();
    }
    return 0;
}

int s()
{
    int a=100;
    ++a;
    printf(" %d ", a);
}
```

【结果】

```
11 101 12 101 13 101 14 101 15 101
```

【说明】

本程序是为了使读者了解 extern 的作用而编写的，希望读者通过本程序了解 extern 的作用。在“extern int a;”中，取“int a=10”时，*a* 变为 10，这种处理仅 1 次。

extern 可以置于变量或者函数前，以表示变量或者函数的定义在别的文件中，提示编译器遇到此变量和函数时在其他模块中寻找其定义。另外，extern 也可用来进行链接指定。

也就是说，在别的文件里定义了 int 型的变量 *a*，在本文件中要用到 *a* 这个变量，就要用 extern 声明。

第2节　知识详解

函数是C语言支持结构化程序设计方法的重要机制，是用于完成特定任务的代码段。函数是实现结构化编程(structured programming)的重要手段之一，往往一个较大的程序分为若干个模块，每个模块用来实现一个特定的功能，而这个特定的功能由一个或多个函数共同实现。函数在有些编程语言中也称为子程序。

本章我们的主要目标如下。

① 掌握自定义函数的编写。

② 熟悉系统提供的函数的用法。

③ 掌握递归程序的编写方法。

9.1　自定义函数

函数的功能有 3 种。首先，提供了代码重用的方法。将程序段按照函数规范编写，下次需要使用时不必重新编写，直接调用即可，以此提高效率。其次，提供了一种代码维护的方式。通过函数将代码划分为模块，出现问题时通常在函数内调试解决，避免了错误无边界的扩散，提高程序的可靠性。最后，提供了协作编程的可能性。通过将系统分解为多个函数功能，从而分配给不同程序员开发，缩短了开发时间，提高了开发效率。

一般而言，我们将编译器提供给我们的函数称为库函数，也称为系统函数，如 scanf，printf 函数等，而我们自行编写的函数称为自定义函数。自定义函数由 3 个部分组成，分别称为函数声明、函数定义和函数调用。

函数声明用来说明函数的名称、返回值类型与参数类型、数量等格式。一般形式为

类型说明符 函数名(函数说明形参)

例如：

```
double power(double x,int n);
```

说明函数名为 power，其返回值为 double 类型。该函数需要两个参数参与计算，类型分别为

double 和 int。函数声明主要通知编译器对参数进行内存空间分配，因此，参数名称可以省略，可以写为“double power(double ,int);”。函数名之前的部分称为返回值类型，用于说明函数计算后反馈给调用者的数据类型。如果不需要返回值，类型设定为 void 即可，意思是不会返回值。

描述函数工作逻辑的部分称为函数定义。在参数和返回值的形式上与函数声明一致，一般形式为

```
类型说明符 函数名(函数参数){
    //编写工作逻辑部分
}
```

例如：

```
double power(double x,int n){ //函数定义
    double T=1.0;
    while(n --){              //函数工作逻辑
        T=T * x;
    }
    return(T);                //返回值
}
```

当参数被传递进入函数时，便会参与函数逻辑的计算，并得到结果传回函数调用者(要求函数计算结果的那段程序)。例如，上例中，若 $x=5$，$n=3$，返回值则为 125。

在函数定义好了之后，并不会自动执行。函数定义充其量说明了要做一件事必须使用的方法和步骤，但真正的实施还需要等到调用时才会发生。我们可以形象地将函数定义比喻为应急预案，如果没有发生紧急情况，预案是不会被执行的(虽然说明了如何执行)，只有当紧急情况发生的时候(调用的时候)，紧急预案的各种步骤才得以执行。

当一段程序需要使用函数为其计算发生函数调用时，调用者使用函数声明的格式向函数传递参数值，这些值参与函数计算并得到结果。返回给调用者的结果称为返回值。一般形式为

```
类型说明符 函数名(函数实参);
```

调用在参数类型和数量上必须与声明一致。例如，“double R=power (5.0 ,2);”，参数分别为 5.0(浮点类型)和 2(整型)，与函数声明一致，返回值也与声明一致。需要说明的是，在调用无参函数时，尽管不需要传递实参，但函数名后面的一对圆括号不能省略。

【例 9-13】 自定义函数。

```
double power(double x,int n);  //函数声明
int main(){
    double R= power (5,2);    //函数调用
    printf(" X 的 Y 次方为:%f",R);
}
double power(double x,int n){  //函数定义
    double T=1.0;
```

```
    while(n)  //函数计算逻辑
    T * =x;
    return T;  //返回值
}
```

需要注意的是,形参和实参的名字可以不一致,但是数量和变量类型必须一致。

函数调用是通过函数名后跟实参实现的,在这里我们要区分函数形参与实参。定义函数时,参数表中的参数是形参;调用函数时,参数表中的参数是实参。对于函数的实参跟形参,需要特别注意以下几个特点。

① 形参只有在被调用时才会分配内存空间,在调用结束时,即刻释放所分配的内存空间;因此,形参只有在函数内部有效。函数调用结束返回主调函数后,则不能再使用该形参。函数参数是一种局部变量。

② 实参可以是常量、变量、表达式、函数等,无论实参是何种类型的量,在进行函数调用时,它们都必须具有确定的值,以便把这些值传送给形参;因此,应预先用赋值、输入等办法使实参获得确定值。

③ 实参和形参在数量、类型、顺序上应严格一致,否则会发生"类型不匹配"的错误。

④ 函数调用中发生的数据传送是单向的,即只能把实参的值传送给形参,而不能把形参的值反向地传送给实参;因此,在函数调用过程中,若形参的值发生改变,而实参中的值不会变化。

在了解了函数定义、函数调用、函数声明的主要内容之后,我们对初学者在编程过程中容易混淆的问题作一个归纳和梳理。

① 要特别注意区分函数定义、函数调用和函数声明 3 者之间的区别。函数定义是指对函数功能的确立,包括指定函数名、函数值类型、形参及其类型、函数体等,它是一个完整的、独立的函数单位;函数调用是控制程序的执行流程,使程序转入被调用函数执行,被调用函数执行完后,程序再返回主调函数继续执行;函数声明的作用是把函数的名字、函数类型及其形参的类型、个数和顺序通知编译系统,编译系统据此检查函数调用是否合法。

② 在 C 语言中,如果被调用函数的定义出现在主调函数之前,则可以不必对被调用函数进行函数声明。这是因为将被调用函数的定义放在主调函数前,那么在进行函数调用时编译系统已经知道了已定义函数的有关情况,会根据函数定义提供的信息对函数的调用作正确性检查。

③ 在进行项目和多文件编程时,我们往往需要调用另一个文件中的函数,此时就一定要进行函数声明,所以不要因为上一点而忘记了函数声明语句的编写。

9.2 C 语言的标准库函数

在前面的章节中,我们曾提到过 C 语言中的库函数,C 语言的库函数并不是 C 语言本身的一部分,它是由编译程序根据一般用户的需要,编制并提供给用户使用的一组程序。C 语言的库函数极大地方便了用户,同时也补充了 C 语言本身的不足。在编写 C 程序时,使用库函数既可以提高程序的运行效率,又可以提高编程的质量。C 语言的库函数有在前面章节用到的 printf,scanf,puts,gets 等,还有很多其他函数,大约可以分为以下几类。

● 数学函数：包括各种常用的三角函数、双曲线函数、指数和对数函数等，需要包含的头文件为“math.h”。例如，sin，cos，log，pow，sqrt 等。

● 字符函数和字符串函数：包括对字符串和对字符进行各种操作的函数，需要包含的头文件为“string.h”。例如，isalnum，isdigit，strcpy，stclen 等。

● 输入、输出函数：即 I/O 函数，包括各种控制台 I/O、缓冲型文件 I/O 等，需要包含的头文件为“stdio.h”。例如，printf，scanf，fopen，fclose 等。

● 动态存储分配函数：包括申请分配和释放内存空间的函数，需要包含的头文件为“alloc.h”或“stdlib.h”。例如，free，malloc，realloc 等。

● 时间日期函数：包括对时间、日期的操作和设置计算机系统状态的函数，需要包含的头文件为“time.h”。例如，difftime，ctime，clock 等。

对库函数进行调用时，我们必须把声明所调用函数的头文件包含到程序中。在本书中，我们不可能介绍所有的 C 语言库函数，而是介绍编程中经常用到的一些，其余部分，大家在今后编程过程中可根据需要查阅相关手册。

【例 9-14】 库函数的使用。

```
#include<stdio.h>
#include<math.h>
int main()
{
    printf(" %.2f",sqrt(900.0));
    printf(" %s","end of program");
    return 0;
}
```

该程序的运行结果如下。

```
30.00
end of program
```

本例中调用了 C 语言的标准库函数 printf(格式化输出函数)和 sqrt(求平方根函数)，因此，必须书写 include<stdio.h>和 include<math.h>语句，将声明这两个函数的头文件包含进来，否则程序编译时会报告函数未定义的错误。

9.3 函数的参数传递

每次调用有参函数时，都需要将实参的值传递给形参，但对于不同的参数类型、传递方式会有所不同，在本节我们就将对参数传递作详细的说明。

9.3.1 传值调用

【例 9-15】 通过下面的代码说明传值调用的实现机制。

```
#include <stdio.h>
int main()
{
```

```
    int a, b;
    void swap(int,int);
    a =10;
    b = 5;
    printf(" the original number is : a = %d, b = %d.\n",a,b);
    swap(a,b);
    printf(" the swapped result is : a = %d, b = %d.\n",a,b);
    return 0;
}
void swap(int x, int y)
{
    int temp;
    temp = x;
    x = y;
    y = temp;
}
```

该程序的运行结果如下。

```
the original number is : a=10, b = 5.
the swapped result is :  a=10, b = 5.
```

本例中，main 函数中定义的变量 a 和 b 是实参，swap 函数中的 x 和 y 是形参。main 函数中已给 a,b 赋值，现在关键的问题就是 x 和 y 是怎么得到 10 和 5 这两个数值的呢？

对于上面的情况，C 语言中是通过值传递来实现的。在进行函数调用时，给形参分配内存空间，然后将实参（实参在主调函数中已经分配了内存空间并有了具体的值）的值送给形参，即复制到形参的内存空间中，其实质等同于变量之间的赋值，就是“形参＝实参”。只是如同前面章节提到过的那样，形参在函数完成后，所分配的内存空间会被释放，而实参保留了原值，这一过程如图 9-1 所示。

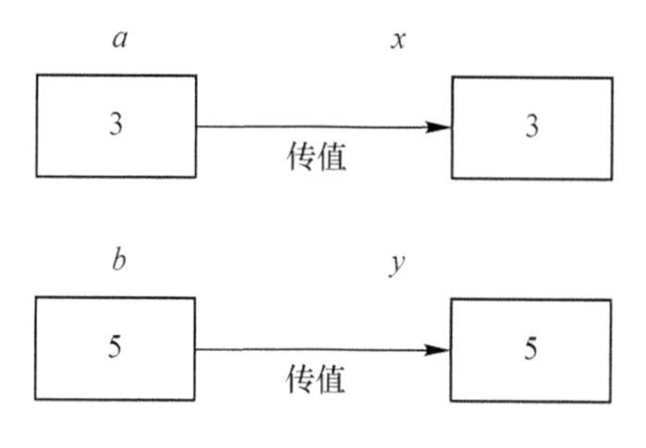

图 9-1　值传递过程

在函数 swap 中，借助 temp 变量交换了形参 x 和形参 y 的值，但函数调用完后实参的值不会改变，其过程如图 9-2 所示。

其实程序的本意是想通过 swap 函数将 a,b 两数的值交换，可输出结果表明程序并没有达到预想的结果，原因就是前面提到的“形参值的改变不会影响到实参值”这一原则。初学者一定要牢记这一原则，并且在实际应用中要特别小心。

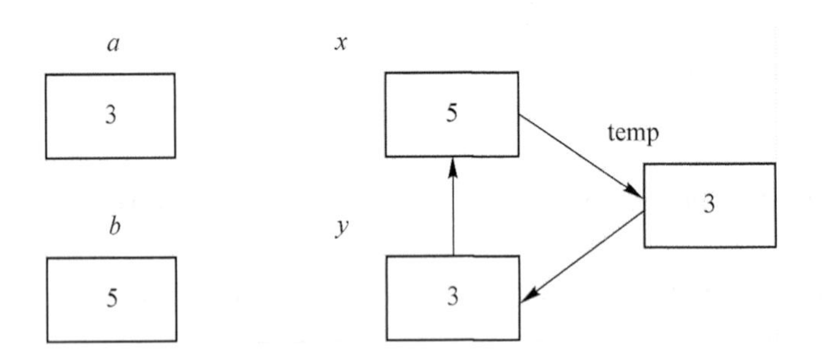

图 9-2 形参值的改变对实参值不产生影响

9.3.2 数组作函数参数

以数组元素作为参数调用函数时的情形跟普通的变量相同，就是把数组中的某数组元素当作一个变量传递，函数定义中用相对应的数据类型作形参就行了。

以数组名作为函数参数调用函数时，函数的声明、定义应在对应位置为相应数据类型的指针，形参中的数组可以标明大小也可以不定大小。例如，下面的函数声明都是对的。

```
void fun( int a[]);
void fun( int a[5]);
```

【例 9-16】 输出数组中的值。

```
#include <stdio.h>
void display(int x[])  //这里的形参表示参数是个数组
{
    int i;
    for(i=0;i<5;i++)
    printf(" %d",x[i]);
    printf(" \n");
}
int main()
{
    int a[5];
    for(i=0;i<5;i++)
        scanf(" %d",&a[i]);
    display(a);  //函数调用中的实参是数组名
    return 0;
}
```

上面例子中，函数 display 的功能为显示数组中所有数组元素的值，因此，在 main 函数中调用这个函数时使用数组名作为函数的参数，其中函数 display 中的形参也可以改成 int x[5]。看下面的程序。

```
#include <stdio.h>
void display(int x[]){
```

```
    int i;
    for(i=0;i<5;i++)
    {
            printf(" %d",x[i]);
            x[i]+=1;
    }
    printf("\n");
}
int main()
{
    int a[5];
    for(i=0;i<5;i++)
        scanf("%d",&a[i]);
    display(a);
    return 0;
}
```

上面的程序跟例 9-16 的区别不大,但是在第二次调用 display 函数时,输出的值与第一次相比都增加了 1。需要注意的是,在函数 display 中改变数组 x 中数组元素的值,会导致调用 main 函数中数组 a 的数组元素值也会跟着改变。从表面上看,与前面提到的形参值的改变不会影响到实参是矛盾的;实际是,数组名是指针,是指向该数组空间的指针。

9.3.3 指针作函数参数

在 C 语言中,指针可以和函数结合作函数参数,并且指针作函数参数还解决了普通变量作函数参数时形参不能改变主调函数中变量值的问题。

就像自定义数据类型一样,我们也可以先定义一个函数指针类型,然后再用这个类型来声明函数指针变量。

以指针作为返回值的指针函数的一般形式为

数据类型 * 函数名(参数表);

例如:

```
int * fun(int a,int b);
```

以指针作为参数的指针函数的一般形式为

数据类型 函数名(* 参数表);

例如:

```
int * fun(int * a,int * b);
```

【例 9-17】 对输入的两个整数按大小顺序输出。

```
#include<stdio.h>
void printMax(int * a,int * b)
{
```

```
    printf("The max value is :%d\n",( * a> * b)? * a: * b);
}
int main()
{
    int ia = 15,ib=20;
    int * a = &ia;
    int * b = &ib;
    printMax(a,b);
    return 0;
}
```

该程序的运行结果如下。

```
The max value is :20
```

对上述例子进行修改如下。

```
#include<stdio.h>
int * max(int x,int y)
{
    if(x>y) return (&x);    /* 当心,函数返回了局部变量的地址 */
    else  return (&y);      /* 当心,函数返回了局部变量的地址 */
}
int main()
{
   static int a,b;          /* 静态变量 */
   int * p;
   scanf("%d%d",&a,&b);
   p=max(a,b);              /* a,b 是静态变量,它们一直存在,max 返回 a 或 b 的地址 */
   printf("max= %d\n", * p);
}
```

该程序的运行结果如下。

```
The max value is :20
```

在有的情况下,我们可能需要在调用函数中分配内存,而在主函数中使用,而针对的指针此时为函数的参数。此时,应注意形参与实参的问题,因为在C语言中,形参只是继承了实参的值,是另外一个量,形参的改变并不能引起实参的改变。由于通过指针是可以传值的,此时该指针的地址是在主函数中申请的栈内存,我们通过指针对该栈内存进行操作,从而改变了实参的值。根据上述的启发,我们也可以采用指向指针的指针在调用函数中申请和在主函数中应用。例如,假设 *a* 的地址为 ox23,内容为 *a*;而 str 的地址是 ox46,内容为 ox23;而 pstr 的地址是 ox79,内容为 ox46。

【例 9-18】 改变两个字符串指针的值。

```
#include<stdio.h>
void change (char ** p,char ** q)
```

```
{
    char * t;
    t= * p, * p= * q, * q=t;
}
int main()
{
    char  * a="abcdef";
    char  * b="123456";
    printf("before\n");
    puts(a);
    puts(b);
    change(&a,&b);
    printf("\nafter\n");
    puts(a);
    puts(b);
    return 0;
}
```

该程序的运行结果如下。

```
before
abcdef
123456

after
123456
abcdef
```

9.4 函数递归

C语言允许一个函数调用自己本身,这种调用过程称作递归。直接在函数内调用自己称为直接递归,通过调用别的函数从而再调用自己称为间接递归。

下面介绍一个简单的递归函数。

【例9-19】 求 n 的阶乘。

```
#include <stdio.h>
int factorial ( int val)
{
  if (val == 1)
      return 1 ;  //结束条件
  else
      return factorial(val - 1) * val ;
}
void main()
```

```
{
  int n;
  printf("please input a integer:\n");
  scanf("%d",&n);
  printf("The result is:%d\n", factorial(n));
}
```

该程序的运行结果如下所示。

```
please input a integer:
5 ↙
The result is:120
```

当一个函数调用自己时，必须设定一个终止递归的条件，否则函数就会永远地执行下去，这意味着函数会一直调用自身直到爆栈（栈溢出）。在上面的程序中，val 等于 1 就是 factorial 递归函数的结束条件。

【例 9-20】 求两个数的最大公约数。

```
#include <stdio.h>
int gcd ( int a, int b)                    //求 a 和 b 的最大公约数
{
    if (b != 0)
        return gcd(b, a%b);                //递归
    return a ;                             //结束
}
int main()
{
    int a, b;
    scanf("%d%d",&a, &b);
    printf("%d\n", gcd(a, b));
    return 0;
}
```

该程序的运行结果如下。

```
please input two integers:
12 78 ↙
The result is:6
```

这个递归函数的结束条件是余数为 0。现在我们来求 15 和 3 的最大公约数，调用 gcd 函数，由于 *b* 不等于 0，执行第一条语句调用自身，求 gcd(15,3)，*b* 不等于 0，接着调用自身，求 gcd(3,0)，*b* 等于 0，递归终止，返回 3，而该值称为前面每个调用的返回值。这个过程称为此值向上回溯，直到第一次调用 gcd 函数。

注意： main 函数不能调用自身，也不能被其他函数调用。

循环递推是从条件出发，一步步向前推导发展，求得最终结果，是正向的；而递归是从问题的最终目标出发，逐步将目标往回推导，将所求问题转化为更贴近条件的新的问题，直到当前

所求为已知条件，是逆向的。所以，从理论上说，一般的递归函数和循环（迭代）都可以互相转化。有一些递归在转化为循环时，需要一种叫栈的数据结构进行辅助。例 9-19 中求 $n!$ 的递归函数 factorial 可以转化为循环，具体如下。

```
int factorial ( int val)
{
    int i;
    for(i=val-1;i>=1;i--)
        val *=i;
    return val;
}
```

递归方法虽然使程序结构优美，但是执行效率没有循环语句高，那为什么还要用递归呢？因为很多时候用递归来实现一些东西，会比较符合逻辑，不仅写起来简单、快捷，代码的可读性也会高很多。例如，著名的汉诺塔问题，用递归的方式就比用非递归的方式容易理解很多。

9.5　变量的作用域

9.5.1　局部变量

局部变量也叫内部变量，是在一个函数或语句块内定义的变量，它只在本函数或语句块范围内有效，只能在本函数或语句块内才能使用它们，在该函数或语句块之外不能使用这些变量。局部变量具有局部作用域，也称块作用域，正是因为局部作用域的原因，所以，在 C 语言中局部变量是可以同名的。

【例 9-21】　输出斐波那契数列的前 N 项。

```
#include<stdio.h>
#define N 20
int Fibonacci(int n)
{
    if(n == 1 || n==2)
    return 1;
    else
    return Fibonacci(n-1)+Fibonacci(n-2);
}
int main()
{
    int i = 0;
    for(i=1;i<=N;i++)      //只要修改宏定义 N 的值，就可以输出斐波那契数列的前 N 项
    {
        printf("%5d",Fibonacci(i));
        if(i%5 == 0)
        printf("\n");
```

```
    }
    printf("\n");
}
```

该程序的运行结果如下。

```
  1    1    2    3    5
  8   13   21   34   55
 89  144  233  377  610
987 1597 2584 4181 6765
```

9.5.2 全局变量

在函数内定义的变量是局部变量，而在函数之外定义的变量称为全局变量，全局变量也称为外部变量或全程变量。全局变量可以为同一文件中其他函数所共用，其有效范围从定义变量的位置开始到本程序结束。

【例 9-22】 编写函数，判断某一整数是否为素数，然后调用该函数求出从 1 到某一整数之间的所有素数。

```
#include <stdio.h>
int prieme(int);
int main()
{
    int i, limit;
    printf("Please enter a positive integer number:\n ");
    scanf("%d",&limit);
    // 判断 limit 是否小于等于 0，若是则输出报错信息，结束程序
    if ( limit <= 0 )
    {
            printf("%d is not a positive integer number. Program exit. ",limit);
            return 0;
    }
    // 输出从 1 到 limit 之间的所有素数
    for ( i = 1; i <= limit; i ++ )
    {
            if(prieme(i))
                printf("%d is a prieme\n",i);;
    }
    printf("\n");;
    return 0;
}
int prieme(int i)
{
        int divisor;
        for (divisor = 2; divisor <= i / 2; divisor ++ )
```

```
        if ( i % divisor == 0 )
        {        // 判断 i 是否能被 divisor 整除(i % divisor== 0),若能整除,i 不是素数
          return 0;
        }
        return 1;
}
```

该程序的运行结果如图 9-3 所示。

```
Please enter a positive integer number:
 50
1 is a prieme
2 is a prieme
3 is a prieme
5 is a prieme
7 is a prieme
11 is a prieme
13 is a prieme
17 is a prieme
19 is a prieme
23 is a prieme
29 is a prieme
31 is a prieme
37 is a prieme
41 is a prieme
43 is a prieme
47 is a prieme
```

图 9-3 例 9-22 程序的运行结果

本例中,main 函数中定义的变量 *i* 和变量 limit 是局部变量,它们的作用域仅限于 main 函数中。prieme 函数的形参 *i* 和变量 divisor 也是局部变量,它们的作用域限于 prieme函数中。尽管 main 函数和 prieme 函数中都定义了变量 *i*,但是不会引起冲突。但如果两个变量在同一个作用域中,那它们是不允许同名的。另外,还要注意很多初学者会错误地以为 main 主函数中定义的变量是全局的,在所有被调用函数中都可以访问,这是错误的。

9.6 变量的存储类别

变量的存储类型有 4 种:自动的(auto)、静态的(static)、寄存器的(register)、外部的(extern),下面简要介绍它们的不同作用。

9.6.1 自动变量

自动变量的说明符是 auto,函数内定义的局部变量(包括形参)默认都是自动变量。自动局部变量在定义它们的函数被调用时分配内存空间并进行初始化,函数调用结束时,它们占用的内存空间就会被释放,因此,自动局部变量的生命期仅限于它所在的函数执行期间。

9.6.2 全局变量

全局变量的说明符是 static,全局局部变量的生命期为整个程序运行期间,因此,在有些情况下,全局变量会起到特殊的作用。

【例 9-23】 全局变量的使用。

```
#include <stdio.h>
int num;   /*定义了一个全局整型变量*/
int main()
{
    void output();
    void input();
    input();
    printf("the num is :" );
    output();
    return 0;
}
void output()
{
    int i;
    printf("%3d\n",num);   //访问全局变量 num
}
void input()
{
    printf("please input a integer:");
    scanf("%d",&num);   //访问全局变量 num
}
```

该程序的运行结果如下。

```
please input a integer:20↙
the num is : 20
```

本例中我们定义了全局变量 num,在其定义之后的 main 函数、output 函数、input 函数中都可以访问它。

9.6.3 外部变量

外部变量的说明符是 extern,程序内全局变量和函数名的省缺说明符是 extern。当一个源程序由若干个源文件组成时,如果要在其他源文件中访问另一个源文件中定义的全局变量,则要在访问它的源文件中将该变量声明为 extern。

例如,有一个源程序由源文件 F1.c 和 F2.c 组成。

```
F1.c:
int a,b;            /*定义外部整型变量 a,b */
char c;             /*定义外部字符型变量 c */
int main()
{
    ……
}
F2.c:
```

```
extern int a,b;          /* 声明 a 和 b 是外部整型变量 */
extern char c;           /* 声明 c 是外部字符型变量 */
func (int x,y)
{
    ……
}
```

9.6.4　寄存器变量

寄存器变量的说明符是 register，它的作用是为变量分配高速寄存器，因此，当程序的执行过程中存在数据在存储器和寄存器之间频繁传送的情况时，就可以将变量定义为 register，目的是提高程序的执行效率。

例如，求 $s=1+2+3+\cdots+100$ 的程序段可以设计如下。

```
register i, sum=0;
for(i = 1;i <= 100; i ++)
    sum+ = i;
```

9.7　编译预处理命令

编译预处理发生在编译之前，预处理的结果不是目标程序，而是对源程序进行一定的处理后的源程序，必须通过编译才能生成目标代码。C 语言的编译预处理指令都是以“#”开头的。另外，还应注意编译预处理指令不是 C 语句，所以在预处理指令的后面不能有分号，分号是 C 语句的结束符。

9.7.1　文件包含指令

文件包含指令的基本形式为

```
#include <文件名>
```

或

```
#include"文件名"
```

它的作用是将指令所指出的文件添加到 #include 指令所在的程序中。使用尖括号还是双引号取决于所包含的文件的存储目录。如果在指定目录下查找被包含的文件，则使用尖括号，所以在程序中，当我们包含 C 语言标准库中定义的头文件时，都用尖括号；如果使用双引号，则预处理的时候将在被编译的程序所在的目录下查找被包含文件是否存在。

程序员可以建立自定义头文件，自定义头文件应以“.h”结尾，并使用 #include 预处理指令将自定义头文件包含到程序中。其实，当程序的功能比较复杂时，采用多文件结构和建立自定义头文件往往是很有必要的。

【例 9-24】 静态变量的作用示例。

```
#include <stdio.h>
```

```
int coun()
{
    static int number = 0;    //静态变量的定义
    return ++number;
}
int main()
{
    int i;
    for(i = 0; i != 10; ++i)
            printf("%d\n", coun());   //注意这里的输出结果的变化
    return 0;
}
```

本例中 number 的定义是在函数 coun 中，由于它被声明为 static，因此每调用一次函数 coun，number 的值就增加 1。该程序的运行结果如图 9-4 所示。

```
1
2
3
4
5
6
7
8
9
10
```

图 9-4　例 9-24 程序的运行结果

如果把上例中的 static 去掉，然后再运行程序，该程序的运行结果如图 9-5 所示。

```
1
1
1
1
1
1
1
1
1
1
```

图 9-5　修改后例 9-24 程序的运行结果

通过对比两个不同的运行结果，可以总结出静态局部变量应用的场合，就是当一个函数有可能被多次调用，而我们又希望在这多次调用之间保存某些变量的值时，就可以将这样的变量声明为静态局部变量。例如，在上例中，我们把变量 number 声明为静态局部变量，这样就使得函数 coun 每被调用一次，number 变量的值就在前一次调用后的值的基础上增加 1，从而起到了计数的作用。反过来，如果我们把 number 定义为自动的局部变量，则函数每被调用一次，number 就被初始化一次，因此，不管函数被执行了多少次，number 的值都等于 1。

9.7.2 宏定义指令

1. 不带参数的宏定义

一般形式为

#define 标识符 字符串

不带参数的宏定义在C语言中通常用来定义符号常量。例如：

```
#define PI 3.14
```

有了这条预处理指令，则在编译预处理时，预处理程序会自动将程序中所有出现PI标识符的地方都用3.14代替。

【例9-25】 在ATM(自动提款机)系统实例中，我们可以定义自己的头文件biz.h，文件内容如下。

```
#ifndef ATMHEADFILE
#define ATMHEADFILE

/*客户账户信息属性的长度*/
#define ACCID_LEN 10                    //账户编号长度
#define CUSPID_LEN 18                   //身份证号码长度
#define CUSNAME_LEN 20                  //客户姓名长度
#define CUSSEX_LEN 2                    //客户性别长度
#define CUSPASSWD_LEN 6                 //客户密码长度

/*账户结构体st_cusAcc中属性个数，宏与结构体st_cusAcc联动修改*/
#define CUSACC_OPTION_CNT 7
/*
*名称:客户信息
*描述:该结构体封装客户信息，其以账户编号作为唯一标识符
*        所有字符数组都预留一位作为字符串截止符
*        联动修改宏CUSACC_OPTION_CNT
*/
struct st_cusAcc
{
    char accId[ACCID_LEN+1];                //账户编号="随机数"
    float accMoney;                         //账户余额
    char cusPid[CUSPID_LEN+1];              //身份证号码
    char cusName[CUSNAME_LEN+1];            //客户名称
    char cusSex[CUSSEX_LEN+1];              //客户性别
    char cusPassWd[CUSPASSWD_LEN+1];        //客户密码
    int cusAge;                             //客户年龄
};
```

```
void bizOpenAcc();       //开户
void bizDeposit();       //存款
void bizDraw();          //取款
void bizQuery();         //查询
void bizCancel();        //删除
#endif
```

有了该头文件之后，在源程序中我们就可以通过“#include "biz.h"”指令，将该头文件添加到源程序中。当然用#include 指令也可以包含源程序文件，但使用较少。

2. 带参数的宏定义

一般形式为

#define 宏标识符(参数表) 字符串

带参数的宏在编译预处理时，不是简单地进行字符串替换，还要进行参数替换。

【例 9-26】 带参数的宏定义。

```
#include<stdio.h>
#define PI 3.14
#define S(r) PI * (r) * (r)
int main()
{
    int a=3;
    float area1,area2;
    area1= S(a);  //预处理后将展开为 area1 = 3.14 * (a) * (a)
    area2=S(a+1);  //预处理后将展开为 area2=3.14 * (a+1) * (a+1)
    printf("area1=%f  area2=%f\n",area1,area2);
    return 0;
}
```

该程序的运行结果如下。

```
area1=28.260000 area2=50.240002
```

将程序稍作修改，比较这两个程序的运行结果。

```
#include<stdio.h>
#define PI 3.14
#define S(r) PI * r * r
int main()
{
    int a=3;
    float area1,area2;
    area1= S(a);
    area2=S(a+1);
    printf("area1=%f  area2=%f\n",area1,area2);
    return 0;
```

```
}
```

该程序的运行结果如下。

```
area1=28.260000 area2=13.420000
```

为什么 area2 的结果会和我们预计的结果不同呢?

在本例中,我们将宏定义改成了

```
#define S(r) PI * r * r
```

则程序中"area1= S(a);"语句被扩展为

```
area1=3.14 * a * a;
```

"area2=S(a+1);"语句被扩展为

```
area2=3.14 * a+1 * a+1;
```

因此,area2 的值就是 13.42。通过本例大家应该了解的就是宏定义中圆括号的作用。

9.7.3 条件编译预处理指令

一般情况下,程序中的所有代码行都会被编译,但有时如果我们只希望部分代码被编译,这时就要用到条件编译预处理指令,常用的有#if,#else,#endif,#ifdef,#ifndef 指令。

几种常用形式如下。

1. #if

```
#if 常量表达式
  程序段 1;
#else
  程序段 2;
#endif
```

【例 9-27】 使用条件编译指令,控制程序在不同的条件设置下实现不同的功能。

```
#define DEBUG 1
#include<stdio.h>
int main()
{
    char ch;
    ch=getchar();
    #if DEBUG
            if(ch>='a' && ch<='z')
                ch=ch-32;
    #else
            if(ch>='A' && ch<='Z')
                ch=ch+32;
    #endif
            printf("%c\n",ch);
```

```
    return 0;
}
```

本例中,我们使用 DEBUG 作为编译条件,当 DEBUG 的值为 1 时,程序的功能是将用户输入的字符由小写转换成大写;当 DEBUG 的值为 0 时,程序的功能是将用户输入的字符由大写转换成小写。

2. #ifdef

```
#ifdef 标识符
    程序段 1
#else
    程序段 2
#endif
```

【例 9-28】 使用条件编译指令,控制程序在不同的条件设置下实现不同的功能。

```
#define DEBUG
#include<stdio.h>
void main()
{
    char ch;
    ch=getchar();
    #ifdef DEBUG
            if(ch>='a' && ch<='z')
                ch=ch-32;
    #else
            if(ch>='A' && ch<='Z')
                ch=ch+32;
    #endif
            printf("%c\n",ch);
}
```

本例中,条件编译指令使用的是另一种方式,但编译条件是与上例相同的。

第3节 应用实践

1. Ping Sensor

将超声波传感器与 Arduino 相连,通过声音速度来计算距离,如图 9-6 所示。

```
const int pingPin = 7;
void setup() {
//初始化串行通信
  Serial.begin(9600);
```

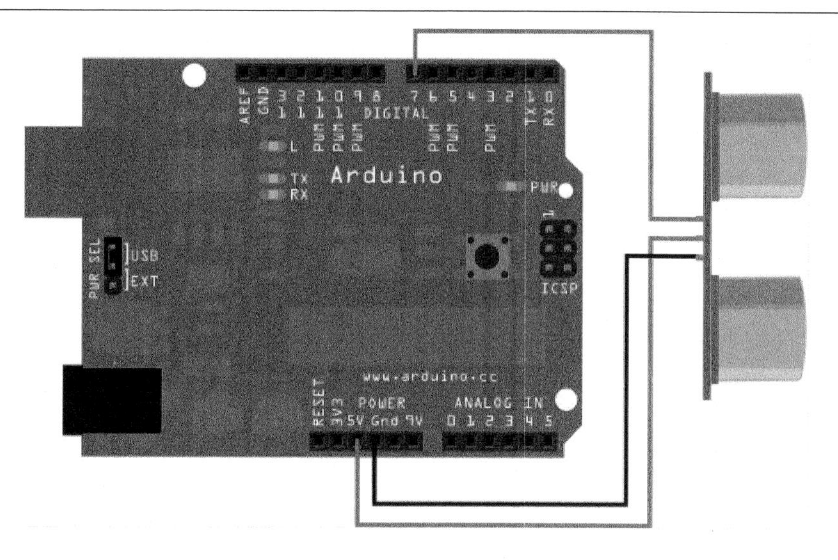

图 9-6　Ping Sensor 电路图

```
}
void loop()
{
  long duration, inches, cm;

  pinMode(pingPin, OUTPUT);
  digitalWrite(pingPin, LOW);
  delayMicroseconds(2);
  digitalWrite(pingPin, HIGH);
  delayMicroseconds(5);
  digitalWrite(pingPin, LOW);
  pinMode(pingPin, INPUT);
  duration = pulseIn(pingPin, HIGH);
  //HIGH 开始计时,LOW 停止计时
//时间转换成距离
  inches = microsecondsToInches(duration);
  cm = microsecondsToCentimeters(duration);
  Serial.print(inches);
  Serial.print("in, ");
  Serial.print(cm);
  Serial.print("cm");
  Serial.println();
  delay(100);
}
long microsecondsToInches(long microseconds)
{
  return microseconds / 74 / 2;
}
```

```
long microsecondsToCentimeters(long microseconds)
{
  return microseconds / 29 / 2;
}
/* 此程序为超声波传感器,传感器传送进来一个数据,然后将数据分别通过两个函数计算出对应
   的 inches(英尺)、cm(厘米),再将值返回到主函数中 */
```

2. Serial Event example

当新的串行数据到达时,将其添加到一个字符串。当收到换行,循环打印字符串并清除它。

```
String inputString = "";                    // 存储收到的数据
boolean stringComplete = false;             // 是否完整
void setup() {
  Serial. begin(9600);
  inputString. reserve(200);                // 存储 200 个字节给 inputString
}
void loop() {
  //当收到换行时,打印原有字符并清空
  if (stringComplete) {
    Serial. println(inputString);
    inputString = "";                       // 清空
    stringComplete = false;
  }
}
void serialEvent() {
  while (Serial. available()) {
    // get the new byte:
    char inChar = (char)Serial. read();
    // add it to the inputString:
    inputString += inChar;
    // if the incoming character is a newline, set a flag
    // so the main loop can do something about it:
    if (inChar == '\n') {
      stringComplete = true;
    }
  }
}
```

接收串口的输入数据并发送回去,系统的实现是通过在主循环判断全局变量 stringComplete 的状态来决定是否发送接收到的数据,而 stringComplete 的状态是在 serialEvent 函数里赋值的。从 serialEvent 函数注释来看,此函数的调用是在每次 loop 函数运行之后才执行的。

第 10 章　文　　件

C 语言既可以从文件中读取数据，也可以向文件中写入数据。读写文件之前，首先要打开文件；读写文件结束后，要关闭文件。C 语言提供了一系列库函数，声明于 stdio.h 中，用于进行文件操作。这里介绍其中几个常用的文件操作库函数。

【例 10-1】 用 fopen 函数打开文件和用 fclose 函数关闭文件。

fopen 函数的原型为

```
FILE * fopen(const char * filename, const char * mode);
```

“FILE” 是在 stdio.h 中定义的一个结构，用于存放和文件有关的信息，具体内容不需要知道。第一个参数是文件名，第二个参数是打开文件的模式。

打开文件的模式主要有以下几种。

- r：以文本方式打开文件，只进行读操作。
- w：以文本方式打开文件，只进行写操作。
- a：以文本方式打开文件，只往其末尾添加内容。
- rb：以二进制方式打开文件，只进行读操作。
- wb：以二进制方式打开文件，只进行写操作。
- ab：以二进制方式打开文件，只往其末尾添加内容。
- r+：以文本方式打开文件，既读取其数据，也要往文件中写入数据。
- r+b：以二进制方式打开文件，既读取其数据，也要往文件中写入数据。

文本方式适用于文本文件，即能在记事本中打开的、能够看明白其含义的文件。二进制方式适用于任何文件，包括文本文件、音频文件、视频文件、图像文件、可执行文件等。只不过文本文件用文本方式打开，以后读写会方便一些。

fopen 函数返回一个 FILE * 类型的指针，称为文件指针。该指针指向的 FILE 类型变量中，存放着关于文件的一些信息，如文件的当前位置(稍后会详述)。文件打开后，对文件的读写操作就不再使用文件名，而都是通过 fopen 函数返回的指针进行。

如果试图以只读的方式打开一个并不存在的文件或因其他原因(如没有权限)导致文件打开失败，则 fopen 返回 NULL 指针。如果以读写或只写的方式打开一个不存在的文件，那么该文件就会被创建出来。

```
FILE * fp = fopen( "c:\\data\\report.txt","r");
```

上面的语句以只读方式打开了文件“c:\\data\\report.txt”。给定文件名的时候也可以不给路径，那么 fopen 函数执行时就在当前目录下寻找该文件。

```
FILE * fp = fopen( "report.txt","r");
```

如果当前目录下没有 report. txt,则 fopen 函数返回 NULL,此后不能进行读写操作了。对文件进行读写操作前,判断 fopen 函数的返回值是否为 NULL,是非常重要的习惯。

打开文件,读写完毕后,一定要调用 fclose 函数关闭文件。fclose 函数的原型为

```
int fclose(FILE * stream);
```

stream 是先前用 fopen 函数打开文件时得到的文件指针。

一定要注意,打开文件后,要确保程序执行的每一条路径上都会关闭该文件。一个程序能同时打开的文件数目是有限的,如果总是打开文件,没有关闭文件,那么文件打开数目到达一定限度后,就不能再打开新文件。一个文件,可以被以只写的方式同时打开很多次,这种情况也会占用程序能同时打开的文件总数的资源。新手在调程序时,常会碰到明明看见文件就在那里,用 fopen 函数却总是打不开的情况,很可能就是总打开文件而不关闭文件,导致同时打开的文件数目达到最大值。

调用 fclose 函数时,如果参数 stream 的值是 NULL, 那么很可能会出现程序异常终止的错误。

【例 10-2】 使用 fgetc 函数读取文件内容。

为了方便叙述,我们设定从这个例子开始,被读取的文件为 C. txt,与运行程序在同一目录下,内容为“C language is the most greatest language in the world!”。

使用 fgetc 函数读取文件内容并打印。

【程序例】

```
#include <stdio.h>
int main()
{
    char ch;FILE * f;              /* 定义文件指针 */
    if ( (f = fopen("C.txt" , "r")) != NULL)
    {/* 按字符循环输出 */
        for(ch=fgetc(f);ch!=EOF;ch=fgetc(f))
            putchar(ch);
        fclose(f);
    }
    else
    {
        printf("文件打开失败!");
    }
    return 0;
}
```

【结果】

```
C language is the most greatest language in the world!
```

【说明】

fopen 函数里使用的文件打开方式为"r"，显然是 read 的简称，表示只读的意思。这里需要对"r"作一个详细的说明：使用"r"方式打开文件的先决条件是指定的待打开的文件必须要存在。成功打开后该文件是只读的，也就是说无法往里面写入内容。

所以，在使用 fopen 函数打开文件的时候，需要首先判断 fopen 函数返回的文件指针是否为空，即待打开的文件是否存在，以防止后续操作出错。

fgetc 函数的原型为

```
int fgetc(FILE * stream);
```

它用于从文件中读取一个字节，返回值是所读取的字节数。每个字节都被当作一个无符号的 8 位(二进制位)数，因此每个被读取字节的取值范围都是 0～255。反复调用 fgetc 函数可以读取整个文件。如果已经读到文件末尾，无法再读，那么 fgetc 函数返回 EOF(实际上就是－1，它是被定义在 stdio. h 中的一个常量)。

【例 10-3】 使用 fputc 函数往文件里写入内容。

使用 fputc 函数将预定好的内容写入文件。

【程序例】

```
#include <stdio.h>
#include <string.h>
int main()
{
    char text[] = "C language is the most greatest language in the world!";
    FILE *f;          /*定义文件指针*/
    f = fopen("C.txt","w");
    int i;
    for (i=0; i<strlen(text);i++)
        fputc (text[i],f);
    printf ("文件写入成功！\n");
    fclose (f);
    return 0;
}
```

【结果】

```
文件写入成功!
```

【说明】

fopen 函数里使用的文件打开方式为"w"，显然是 write 的简称，表示只写的意思。这里需要对"w"作一个详细的说明：当文件打开方式为"w"的时候，如果待打开的文件已经存在，该文件里的全部内容会被清空；如果待打开的文件不存在，那么系统会将其创建出来，当然文件名和路径与预定的是一致的。当文件被成功打开后，这个时候它的权限是只写的，即不能读取里面的内容。

fputc 函数的原型为

```
int fputc(int c, FILE * stream);
```

它将一个字节写入文件。参数 c 即是要被写入的字节。虽然 c 是 int 类型的，但实际上只有其低 8 位才被写入文件(想想为什么是这样的)。如果写入失败，该函数返回 EOF。

【例 10-4】 使用 fgets 函数读取文件内容。

【程序例】

```
#include <stdio.h>
int main()
{
    char text[100];
    FILE *f;
    if((f = fopen("C.txt","r"))! = NULL)
    {
        fgets (text, 100, f);
        printf ("%s\n", text);
        fclose (f);
    }
    else
    {
        printf ("打开文件失败! \n");
    }
    return 0;
}
```

【结果】

C language is the most greatest language in the world!

【说明】

fgets 函数的原型为

char *fgets(char *s, int n, FILE *stream);

它一次从文件中读取一行，包括换行符，放入字符串 s 中，并且加上字符串结尾标志符'\0'。参数 n 代表缓冲区 s 中最多能容纳多少个字符(不算字符串结尾标志符'\0')。

fgets 函数的返回值是一个 char 类型的指针，和 s 指向同一个地方。如果再没有数据可以读取，那么函数的返回值是 NULL。

【例 10-5】 使用 fputs 函数往文件写入内容。

【程序例】

```
#include <stdio.h>
int main()
{
    char text[] = "C language is the most greatest language in the world!";
    FILE *f;
    if((f = fopen("C.txt","r+")) != NULL)
    {
```

```
        fputs(text, f);
        printf ("文件写入成功! \n");
        fclose (f);
    }
    else
    {
        printf ("打开文件失败! \n");
    }
    return 0;
}
```

【结果】

文件写入成功!

【说明】

可以把“r+”中的“+”理解为一种扩展,让只读的“r”升级成又能读又能写的“r+”。那么同理,“w+”也是既可以读又可以写。

fputs 函数的原型为

```
int fputs(const char *s, FILE *stream);
```

它往文件中写入字符串 *s*。写完 *s* 后它并不会再自动向文件中写换行符。

【例 10-6】 使用 fscanf 函数从文件中读取内容。

【程序例】

```
#include <stdio.h>
int main()
{
    char text[100];
    FILE *f;
    if ( (f =fopen("C.txt", "r")) != NULL)
    {
        fscanf(f, "%s", text);
        printf ("%s\n", text);
        fclose (f);
    }
    else
    {
        printf ("打开文件失败\n");
    }
    return 0;
}
```

【结果】

C

【说明】

看到结果用户可能会很奇怪，为什么只有一个'C'被读出来了？不要着急，先看看 fscanf 的函数原型。

fscanf 函数的原型为

```
int fscanf(FILE *stream, const char *format, …);
```

函数 fscanf 以 scanf 的执行方式从给出的文件指针中读取数据。fscanf 函数的返回值是事实上已赋值的变量的数，如果未进行任何分配时返回 EOF。

那么用户一定发现了 fscanf 和 scanf 函数是多么相似，只不过一个是从键盘获取数据，一个则是从文件指针中获取数据，而使用 scanf 函数读入数据的时候遇到空格会发生什么事呢？

【例 10-7】 使用 fprintf 函数在文件写入内容。

【程序例】

```
#include <stdio.h>
int main()
{
    char text[100] = "C language is the most greatest language in the world!";
    FILE *f;
    f = fopen("C.txt", "wb");
    fprintf(f, "%s",text);
    printf("文件写入成功!");
    fclose(f);
    return 0;
}
```

【结果】

```
文件写入成功!
```

【说明】

这次的文件打开方式略有不同，“wb”为以二进制方式打开文件，只进行写操作。fprintf 函数的原型为

```
int fprintf( FILE *stream, const char *format, …);
```

fprintf 函数根据指定的 format(格式)发送信息到由文件指针指定的文件。fprintf 函数只能和 printf 函数一样工作。fprintf 函数的返回值是输出的字符数，发生错误时返回一个负值。

【例 10-8】 使用 fread 函数读取文件内容。

【程序例】

```
#include <stdio.h>
int main()
{
    char text[55];
    FILE *f;
```

```
    if ( (f = fopen("C. txt", "rb")) ! = NULL)
    {
        fread(text, sizeof(char), 54, f);
        text[55] = '\0';
        printf("%s\n", text);
        fclose (f);
    }
    else
    {
        printf ("文件不存在!");
    }
    return 0;
}
```

【结果】

C language is the most greatest language in the world!

【说明】

fread 函数的原型为

unsigned fread(void * ptr, unsigned size, unsigned n, FILE * stream);

该函数从文件中读取 n 个大小为 size 个字节的数据块，总计 $n\times$size 个字节，存放到从地址 ptr 开始的内存空间中。返回值是读取的字节数，如果一个字节也没有读取，返回值就是 0。

fread 函数成功读取的字节数，有可能小于期望读取的字节数。例如，反复调用 fread 函数读取整个文件，每次读取 100 个字节，而文件有 1 250 个字节，那么显然最后一次读取时，只能读取 50 个字节。

使用 fread 函数读写文件，文件必须用二进制方式打开。

【例 10-9】 使用 fwrite 函数往文件写入内容。

【程序例】

```
#include <stdio.h>
int main()
{
    char text[] = "C language is the most greatest language in the world!";
    FILE * f;
    f = fopen ("C. txt", "wb");
    fwrite (text, sizeof(char), sizeof(text), f);
    printf ("文件写入成功!");
    fclose (f);
    return 0;
}
```

【结果】

文件写入成功!

【说明】

fwrite 函数的原型为

```
unsigned fwrite(const void * ptr, unsigned size, unsigned n, FILE * stream);
```

该函数将内存中从地址 ptr 开始的 $n\times$size 个字节的内容,写入到文件中去。

返回值表示成功读取或写入的项目数。每个项目的大小是 size 个字节。

其实使用 fread 和 fwrite 函数时,总是将 size 置为 1,将 n 置为实际要读写的字节数,也是没有问题的。

使用 fwrite 函数读写文件,文件必须用二进制方式打开。

【例 10-10】 综合练习。

有些文件由一个个记录组成,一个记录就对应于 C 语言中的一个结构体,这样的文件,适合用 fread 和 fwrite 函数来读写。例如,一个记录人物信息的文件 Person. txt,该文件里的每个记录对应于以下结构体。

```
struct Person
{
    char name[20];
    int ID;
    int y;
};
```

下面的程序先读取上例提到的 Person. txt 中的人物信息,然后将这些信息写入 dest. dat 中。接下来再打开 dest. dat,将出生年份在 1997 年之前的人物记录提取出来,写到另一个文件 final. txt 中去。

【程序例】

```
#include <stdio.h>
#include <string.h>
struct Person
{
    char name[20];
    unsigned ID;
    int y;
};
int main()
{
    FILE * fs, * fd;
    struct Person p;
    fs = fopen("Person.txt", "r");
    if (fs == NULL)
    {
        printf ("Person.txt cant be opened!");
        return 0;
```

```
    }
    fd =fopen ("dest.dat","wb");
    char name[20];
    int ID, y, m, d;
    while ( fscanf (fs, "%s %u %d", name, &ID, &y)! =EOF )
    {
        strcpy (p.name, name);
        p.ID = ID;
        p.y = y;
        fwrite (&p, sizeof(p), 1, fd);
    }
    fclose (fs);              /*打开的文件流指针一定要及时关闭*/
    fclose (fd);
    fs = fopen ("dest.dat", "rb");
    if (fs == NULL)
    {
        printf ("dest.txt cant be opened!");
        return 0;
    }
    fd = fopen ("final.txt", "w");
    while (fread (&p, sizeof(p), 1, fs))
    {
        if (p.y < 1997)
        fprintf (fd, "%s %u %d\n", p.name, p.ID, p.y);
    }
    fclose (fs);
    fclose (fd);
    return 0;
}
```

【说明】

在这里，程序的具体细节不再赘述，主要介绍 fscanf，fprintf 函数和 fread，fwrite 函数的区别。

C 语言把文件看作一个字符（字节）的序列，即由一个一个字符（字节）的数据顺序组成。根据数据的组织形式，可分为 ASCII 文件和二进制文件。ASCII 文件又称为文本（text）文件，它的每个字节放一个 ASCII 代码，代表一个字符。二进制文件是把内存中的数据按其在内存中的存储形式原样输出到磁盘上存放。

通常约定"*.txt"用来存储字符串格式，而把"*.dat"用来存储二进制格式。字符串格式的文件可以直接用记事本查看内容，但存取速度较慢；二进制格式文件不能直接用记事本查看内容（打开后乱码），但存取速度快。

那么在使用 fscanf，fprintf 函数操作文件的时候，对于整数来说，一位占一个字节。例如，1 占 1 个字节，10 占两个字节，10 000 占 5 个字节。这个时候按照字符串方式存储的文件的大小会随着数据的大小而改变，尤其是对于大数据空间占据非常大，而对于一些类似空格或者换行符一类的符号，它们往往是冗余的。

而在使用 fread，fwrite 函数操作文件的时候，因为它们是按照二进制写入的，所以写入数据所占内存空间是根据数据类型来确定的。例如，int 的大小为 4 个字节(一般 32 位以下)，那么整数 10 所占内存空间为 4 个字节，100，10 000 所占内存空间也是 4 个字节。所以，二进制写入比字符串格式化写入更省内存空间，速度也更快。

fwrite 函数是将数据不经转换直接以二进制的形式写入文件，而 fprintf 函数是将数据转换为字符后再写入文件。

具体的原理如下。

当使用 fwrite 函数将一个 int 型数字 65 写入文本文件时，由于 65 对应的二进制数是 1000001，十六进制数是 0x41，存储的是二进制的形式 1000001。在记事本中使用十六进制方式打开显示的是 0x0041，转换为十进制则为 65。使用记事本打开这个文本文件后显示的是 A，因为记事本程序默认为存储在文本文件中的数据都是 ASCII 码形式存储，它把 65 当作 ASCII 码翻译为 A。

当使用 fprintf 函数将一个 int 型数字 65 写入文本文件时，将 65 的每一位转换为 ASCII 码存储，6，5 分别对应 ASCII 码 54，53，存储的是 ASCII 码 54，53。在记事本中使用十六进制方式打开显示的是 3635，转换为十进制则为 54，53，这正是数字 6，5 的 ASCII 码。使用记事本打开这个文本文件时，记事本将存储在其中的 54，53 当作 ASCII 码翻译为字符 6，5 显示，看到的便是 65。

另外，打开的文件指针一定要及时关闭，因为每个程序所能占用的资源是有限的，否则有可能出现新文件无法被打开的情况。

附录Ⅰ　结构化程序设计与面向对象程序设计简介

一、结构化程序设计

1. 什么是结构化程序设计

结构化程序设计的概念最早由 E. W. Dijikstra 于 1965 年提出，是软件发展的一个重要的里程碑。它的主要观点是采用自顶向下、逐步求精及模块化的程序设计方法；使用 3 种基本控制结构构造程序，任何程序都可由顺序、选择、循环 3 种基本控制结构构造。

① 自顶而下、逐步求精的设计思想，其出发点是从问题的总体目标开始，抽象低层的细节，先专心构造高层的结构，然后再一层一层地分解和细化。这使设计者能把握主题，避免一开始就陷入复杂的细节中，使复杂的设计过程变得简单、明了，过程的结果也容易做到正确、可靠。

② 采用功能独立、单出入口的模块化结构，减少模块的相互联系，提高模块的可重用性，降低程序的复杂性，提高可靠性。编写程序时，所有模块的功能通过相应的函数来实现。

③ 使用顺序、选择、循环 3 种基本控制结构来构成具有复杂层次的结构化程序，用这样的方法编出的程序具有以下特点：以控制结构为单位，只有一个入口和一个出口，所以能独立地理解这一部分；能够以控制结构为单位，从上到下顺序地阅读程序文本；由于程序的静态描述与执行时的控制流程容易对应，所以能够方便、正确地理解程序的动作。

2. 结构化程序设计方法

(1) 自顶向下

程序设计时，应先考虑总体，后考虑细节；先考虑全局目标，后考虑局部目标。不要一开始就过多追求众多的细节，先从最上层总目标开始设计，逐步使问题具体化。

(2) 逐步细化

对复杂问题，应设计一些子目标作为过渡，逐步细化的。

(3) 模块化

一个复杂问题，肯定是由若干稍简单的问题构成的。模块化是把程序要解决的总目标分解为子目标，再进一步分解为具体的小目标，把每一个小目标称为一个模块(函数)。由于模块相互独立，因此在设计其中一个模块时，不会受到其他模块的牵连，因而可将原来较为复杂的问题化简为一系列简单模块的设计。模块的独立性还为扩充已有的系统、建立新系统带来了不少的方便，因为我们可以充分利用现有的模块作积木式的扩展。

二、面向对象程序设计

1. 什么是面向对象程序设计

面向对象程序设计(object oriented programming,OOP)是一种计算机编程架构,是一种基于结构分析的、以数据为中心的程序设计方法。面向对象程序设计方法的总体思路是:将数据及处理这些数据的操作都封装到一个称为类的数据结构中,在程序中使用的是类的实例——对象。程序由一个个对象构成,对象之间通过一定的相互操作传递消息,在消息的作用下完成特定功能。面向对象程序设计达到了软件工程的3个主要目标:重用性、灵活性和扩展性。

面向对象程序设计方法提出了一系列全新的概念,主要包括对象、类、消息、封装、继承、多态。通过这些概念,面向对象的思想得到了具体的体现。

● 对象:对象可以是现实世界中存在的任何事物,一本书、一家图书馆、一家银行都可看作对象,它不仅能表示有形的实体,也能表示无形的(抽象的)规则、计划或事件。对象由数据(描述事物的静态属性)和作用于数据的操作(体现事物的行为特征)构成一独立整体。从程序设计者来看,对象是一个程序模块;从用户来看,对象为它们提供所希望的行为。

● 类:类是对象的模板。类是对一组有相同数据和相同操作的对象的抽象,一个类所包含的方法和数据描述一组对象的共同属性和行为特征。类是在对象之上的抽象,对象则是类的具体化,是类的实例。

● 消息:消息是对象之间进行通信的一种规格说明,一般它由3部分组成:接收消息的对象、消息名及实际变元。

● 封装:封装是一种信息隐蔽技术,它体现于类的说明,是对象的重要特性。封装使数据和加工该数据的方法(函数)封装为一个整体,以实现独立性很强的模块,使得用户只能见到对象的外特性(对象能接收哪些消息,具有哪些处理能力),而对象的内特性(保存内部状态的私有数据和实现加工能力的算法)对用户是隐蔽的。封装的目的在于把对象的设计者和对象的使用者分开,使用者不必知晓行为实现的细节,只需用设计者提供的消息来访问该对象。

● 继承:继承是子类自动共享父类之间数据和方法的机制,它由类的派生功能体现。继承具有传递性。继承分为单继承(一个子类只有一父类)和多重继承(一个类有多个父类)。类的对象是各自封闭的,如果没继承机制,则类对象中的数据、方法就会出现大量重复。继承不仅支持系统的可重用性,而且还促进系统的可扩充性。

● 多态:对象根据所接收的消息而做出动作。同一消息为不同的对象接收时,可产生完全不同的行动,这种现象称为多态。利用多态性,用户可发送一个通用的信息,而将所有的实现细节都留给接收消息的对象自行决定。例如,Print消息被发送给一图或表时调用的打印方法与将同样的Print消息发送给一正文文件而调用的打印方法会完全不同。多态的实现受到继承的支持,利用类继承的层次关系,把具有通用功能的协议存放在类层次中尽可能高的地方,而将实现这一功能的不同方法置于较低层次,这样,在这些低层次上生成的对象就能给通用消息以不同的响应。

2. 面向对象程序设计方法

面向对象程序设计是一种把面向对象的思想应用于软件开发过程中,指导开发活动的系

统方法，按照 Bjarne Stroustrup 的说法，面向对象的编程范式：

① 决定需要的类。

② 给每个类提供完整的数据和操作。

③ 明确地使用继承来表现共同点。

面向对象程序设计就是根据需求决定所需的类、类的操作及类之间关联的过程。

面向对象程序设计方法以对象为基础，利用特定的软件工具直接完成从对象客体的描述到软件结构之间的转换。这是面向对象程序设计方法最主要的特点和成就。面向对象程序设计方法的应用解决了传统结构化开发方法中客观世界描述工具与软件结构的不一致性问题，缩短了开发周期，解决了从分析和设计到软件模块结构之间多次转换映射的繁杂过程。

三、结构化程序设计与面向对象程序设计的关联

结构化程序设计与面向对象程序设计虽然基于不同的设计思想，但是并不是毫无关联的。结构化程序设计是面向对象程序设计的基础，面向对象程序设计方法需要一定的软件基础支持才可以应用。另外，在大型的系统开发中，如果不经自顶向下的整体划分，而是一开始就自底向上地采用面向对象程序设计方法开发系统，会造成系统结构不合理、各部分关系失调等问题。所以面向对象程序设计方法和结构化程序设计方法仍是两种在系统开发领域相互依存的、不可替代的方法。

以下为使用 C 语言采用结构化程序设计方法实现的银行存取款模拟程序的例子，该程序可以实现账户的注册、登录和存取款功能。

```
#include<stdio.h>
#include<string.h>
#include<windows.h>

struct user
{
    char account[20];
    char password[20];
    char identity[20];
    int money;
}use[10];

int dengru(int num);
int zhuce(int num);
void cun(int now);
void qu(int now);

int main()
{
    int usernum = 0;                //记录注册了多少个账户
```

```
int x;                              //记录用户选择,以及各种临时变量
while (1)
{
    system("cls");
    printf("---------------------------------\n");
    printf("|    1. 登入          2. 注册       |\n");
    printf("|                                   |\n");
    printf("---------------------------------\n");
    printf("\n输入对应操作前的数字:");
    scanf("%d", &x);
    if (x >= 1 && x <= 2)
    {
        switch (x)
        {
        case 1:
            {
                x = dengru(usernum);
                if (x >= 0)
                {
                    int now = x;        //当前位置
                    while (1)
                    {
                        int exit = 0;
                        system("cls");
                        printf("---------------------------------\n");
                        printf("|    1. 存款          2. 取款      |\n");
                        printf("|    3. 查询余额      4. 退出      |\n");
                        printf("---------------------------------\n");
                        printf("\n输入对应操作前的数字:");
                        scanf("%d", &x);
                        if (x >= 1 && x <= 4)
                        {
                            switch (x)
                            {
                            case 1:
                                {
                                    cun(now);
                                    system("pause");
                                }break;
                            case 2:
                                {
                                    qu(now);
                                    system("pause");
```

```
                        }break;
                    case 3:
                        {
                            printf("\n您的余额为:%d\n", use[now].money);
                            system("pause");
                        }break;
                    case 4:
                        {
                            exit = 1;
                        }break;
                    }
                    if (exit == 1)
                        break;
                }
            }
        }
        system("pause");
    }break;
    case 2:
    {
        x = zhuce(usernum);
        if (x == 1)
        {
            ++usernum;
            printf("\n注册成功\n");
        }
        else
            printf("\n注册失败\n");
        system("pause");
    }break;
    }
    }
    }
    return 0;
}

int dengru(int num)
{
    char s[20];
    system("cls");
    printf("输入账号:");
    scanf("%s", s);
    int ok = 0,now;                //记录当前账户保存在数组中的位置
```

```
        for (int i = 0; i < num; ++i)
        {
            if (strcmp(use[i].account, s) == 0)
            {
                ok = 1;
                now = i;
                break;
            }
        }
        if (ok == 0)
        {
            printf("\n 账户不存在\n");
            return -1;
        }
        printf("\n 输入密码:");
        scanf("%s", s);
        if (strcmp(use[now].password, s) != 0)
        {
            printf("\n 密码错误\n");
            return -1;
        }
        else
        {
            printf("\n 登入成功! \n");
            return now;
            system("pause");
        }
    }

    int zhuce(int num)
    {
        system("cls");
        if (num >= 10)
            return 0;
        char s[20],s1[20];
        printf("输入您的身份证号码:");
        while (1)
        {
            scanf("%s", s);
            if (strlen(s) == 18)
                break;
            else
            {
```

```
                printf("\n身份证必须为18位! \n");
                printf("\n输入您的身份证号码:");
            }
        }
        strcpy(use[num].identity, s);
        printf("\n输入账户:");
        scanf("%s", s);
        strcpy(use[num].account, s);
        while (1)
        {
            printf("\n输入密码:");
            scanf("%s", s);
            printf("\n再次输入密码:");
            scanf("%s", s1);
            if (strcmp(s, s1) == 0)
                break;
            else
                printf("\n两次密码不一致请重新输入\n");
        }
        strcpy(use[num].password, s);
        return 1;
}

void cun(int now)
{
        int x;
        system("cls");
        printf("输入您要存款的金额:");
        scanf("%d", &x);
        if (x % 100 != 0)
        {
            printf("\n金额必须为整百\n");
            return;
        }
        use[now].money += x;
        printf("\n存款成功\n");
}

void qu(int now)
{
        int x;
        system("cls");
        printf("输入您要取款的金额:");
```

```
        scanf("%d", &x);
        if (x % 100 == 0)
        {
            if (use[now].money < x)
            {
                printf("\n余额不足\n");
                return;
            }
        }
        else
        {
            printf("\n金额必须为整百\n");
            return;
        }
        use[now].money -= x;
        printf("\n取款成功\n");
    }
```

采用面向对象程序设计方法，使用C语言实现银行存取款模拟系统如下。

首先创建User类，该类中有描述用户账号、密码、身份证号码和余额等信息的数据成员，也包括创建新的账户及账户登录的方法；然后在各窗口中使用该类实现用户账号注册、登入和存取款等功能。

```
using System;
using System.Collections.Generic;
using System.Linq;
using System.Text;
using System.Threading.Tasks;

namespace ATM
{
    public static class User
    {
        static string[] account = new string[10];
        static string[] password = new string[10];
        static string[] identity = new string[10];
        public static int[] money = new int[10];
        static int num = 0;
        public static int now;
        public static int add(string s1, string s2, string s3)
        {
            if (num >= 10)
                return 0;
            identity[num] = s1;
```

```
            account[num] = s2;
            password[num] = s3;
            ++num;
            return 1;
        }
        public static int search(string s1, string s2)
        {
            now = 0;
            for (int i = 0; i < num; ++i)
            {
                if (string.Compare(account[i], s1) != 0)
                    return 1;
                else
                {
                    if (string.Compare(password[i], s2) != 0)
                        return 2;
                    else
                    {
                        now = i;
                        return 0;
                    }
                }
            }
            return 1;
        }
    }
}
```

在各窗口的相关控件中编写代码。

用户登入及注册窗口(见图1)及相关代码如下。

图1　用户登入及注册窗口

```
using System;
using System.Collections.Generic;
using System.ComponentModel;
using System.Data;
using System.Drawing;
using System.Linq;
using System.Text;
using System.Threading.Tasks;
using System.Windows.Forms;

namespace ATM
{
    public partial class Form1 : Form
    {
        public Form1()
        {
            InitializeComponent();
        }

        private void button2_Click(object sender, EventArgs e)
        {
            Form2 f2 = new Form2();
            this.Hide();
            f2.ShowDialog();
            this.Show();
        }
        private void button1_Click(object sender, EventArgs e)
        {
            int x;
            x = User.search(textBox1.Text,textBox2.Text);
            if (x == 1)
                MessageBox.Show("账户不存在", "提示", MessageBoxButtons.OK);
            else if (x == 2)
                MessageBox.Show("密码错误", "提示", MessageBoxButtons.OK);
            else
            {
                Form3 f3 = new Form3();
                this.Hide();
                f3.ShowDialog();
                this.Show();
            }
        }
    }
```

```
}
```

用户注册窗口(见图 2)及相关代码如下。

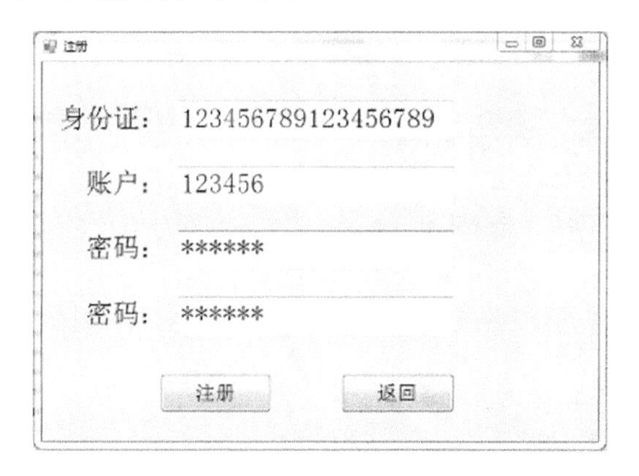

图 2 用户注册窗口

```
using System;
using System.Collections.Generic;
using System.ComponentModel;
using System.Data;
using System.Drawing;
using System.Linq;
using System.Text;
using System.Threading.Tasks;
using System.Windows.Forms;


namespace ATM
{
    public partial class Form2 : Form
    {
        public Form2()
        {
            InitializeComponent();
        }

        private void button1_Click(object sender, EventArgs e)
        {
            int flag = 0;
            if (textBox1.Text.Length != 18)
            {
                label5.Visible = true;
            }
```

```
                else
                {
                    label5.Visible = false;
                    ++flag;
                }
                if (string.Compare(textBox3.Text, textBox4.Text) != 0)
                {
                    label6.Visible = true;
                }
                else
                {
                    label6.Visible = false;
                    ++flag;
                }
                if (flag == 2)
                {
                    User.add(textBox1.Text, textBox2.Text, textBox3.Text);
                    MessageBox.Show("注册成功", "提示", MessageBoxButtons.OK);
                    this.Close();
                }
            }

            private void button2_Click(object sender, EventArgs e)
            {
                this.Close();
            }
        }
    }
```

用户存取款窗口(见图3)及相关代码如下。

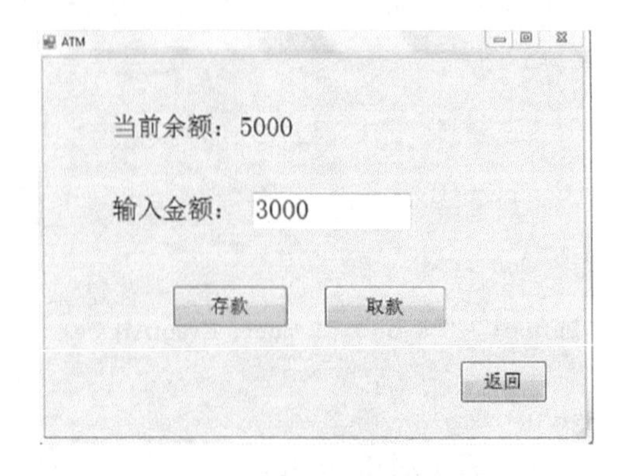

图3　用户存取款窗口

```
using System;
using System.Collections.Generic;
```

```
using System.ComponentModel;
using System.Data;
using System.Drawing;
using System.Linq;
using System.Text;
using System.Threading.Tasks;
using System.Windows.Forms;

namespace ATM
{
    public partial class Form3 : Form
    {
        public Form3()
        {
            InitializeComponent();
            label3.Text ="当前余额:" + Convert.ToString(User.money[User.now]);
        }

        private void button1_Click(object sender, EventArgs e)
        {
            int m;
            try
            {
                m = Convert.ToInt32(textBox1.Text);
                if (m % 100 == 0)
                {
                    User.money[User.now] += m;
                     label3.Text = "当前余额:" + Convert.ToString(User.money[User.
                                now]);
                    label2.Visible = false;
                }
                else
                    label2.Visible = true;
            }
            catch(FormatException e1)
            {
                MessageBox.Show(e1.Message, "错误", MessageBoxButtons.OK);
            }
        }

        private void button2_Click(object sender, EventArgs e)
        {
            int m;
```

```
            try
            {
                m = Convert.ToInt32(textBox1.Text);
                if (m % 100 == 0)
                {
                    label2.Visible = false;
                    if (m <= User.money[User.now])
                    {
                        User.money[User.now] -= m;
                        label3.Text = "当前余额：" + Convert.ToString(User.money[User.
                                now]);
                    }
                    else
                        MessageBox.Show("余额不足", "提示", MessageBoxButtons.OK);
                }
                else
                    label2.Visible = true;
            }
            catch (FormatException e1)
            {
                MessageBox.Show(e1.Message, "错误", MessageBoxButtons.OK);
            }
        }

        private void button3_Click(object sender, EventArgs e)
        {
            this.Close();
        }



    }
}
```

从以上采用两种不同编程方式实现的例子可以看出，结构化程序设计是面向对象程序设计的基础，在面向对象程序设计中大有用武之地。具体表现在以下几方面。

① 基本数据结构类似。面向对象程序的基本结构是类，而类的主体是数据和方法，在对类的静态特征进行描述中，整型、实型、字符型、字符串、布尔型、数组、枚举、结构体等数据结构继续沿用。例如，本例中 User 类的定义中描述用户账号、密码、身份证号码和余额等信息的数据成员、方法的参数等。

② 方法(函数)在面向对象程序设计中使用普遍。方法是对某类事物动态特征的描述，是类中最重要的组成部分，而方法的实质就是函数。方法的定义和结构化程序设计中一样，只是方法的调用需要用到对象名、方法名或者类名、方法名调用。例如，本例中 User 类中定义的

用于创建新账号的 add 方法及用于用户登入的 search 方法，其定义方法和结构化程序设计中函数的定义基本相同。

③ 在类中用于描述本类事物动态特征的方法内部，用于实现方法的仍然是 3 种基本控制结构：顺序结构、选择结构和循环结构，这一点从本例中各方法的方法体可以看出。

因此，结构化程序设计和面向对象程序设计不是完全独立甚至对立的两种程序设计方法，结构化程序设计是面向对象程序设计的基础，学好了结构化程序设计可以为面向对象程序设计的学习奠定一个扎实的基础。

附录Ⅱ　程序设计基础实验指导

实训 1　程序设计入门

1. 实训目的

掌握 C 程序开发步骤，编写简单的 C 程序；熟悉常见的数据类型及注释的写法，并进一步掌握基本的输出语句的使用方法；掌握程序开发环境、步骤并积累第一步程序调试经验。

2. 实训类型

实训。

3. 实训学时

2 学时。

4. 实训原理及知识点

① C 程序的开发步骤。

② 编写简单的 C 程序。

③ 常见的数据类型并使用它们编程。

④ 注释的两种写法。

⑤ 基本的输出语句的使用方法。

5. 实训环境(软件环境、硬件环境)

① 软件：Windows 操作系统，Dev-C＋＋集成开发环境。

② 硬件：CPU 奔腾 III，内存 64 MB 以上(最好 128 MB 以上)。

6. 实训内容及步骤

① 编写程序，在屏幕上输出“Hello World!”。

② 基于以上程序进行修改，编写能输出包含自己名字、向自己打招呼的程序，并输出到两行中。例如：

```
Hello Mr. Zhang!
Good afternoon!
```

7. 实训指导

① 调试的基础是程序编译通过。调试只能为用户找出逻辑错误，语法错误由编译器检查。

② 调试时要尽可能使用快捷键(如 Ctrl＋F9 组合键为编译，Ctrl＋F10 组合键为运行)，

形成手不离开键盘的编程习惯。

③ 这个编译器严格按照C++标准，容易犯的错误有：漏掉 return 0；漏掉#include<stdio.h>。

如果使用 Dev 4.9.9.2，需要加入“#include<iostream.h>”，在程序末尾加入“system("pause");”来停止程序。如果使用 Dev 5.4.2 或以上的版本则不需要加。

④ 注意常见错误：拼写错误和输入错误；o(小写字母)和0(数字)和O(大写字母)不分；缺少头文件；缺少分号；main 函数没有返回值；中文引号；括号不成对。

实训2　数据类型与输入、输出

1. 实训目的

掌握基本数据类型；熟悉 scanf 和 printf 函数的用法；熟悉格式输出方法与各种格式参数的用法；熟悉基本的运算符。

2. 实训类型

实训。

3. 实训学时

2学时。

4. 实训原理及知识点

① scanf 和 printf 函数的用法。

② 格式化输出方法。

③ 基本的数据类型和运算符。

5. 实训环境(软件环境、硬件环境)

① 软件：Windows 操作系统，DEV-C++集成开发环境。

② 硬件：CPU 奔腾Ⅲ，内存256 MB以上(最好512 MB以上)。

6. 实训内容及步骤

完成下面程序的编写与调试过程。

① 编写程序，将100.453 627取整到近似个位、十分位、百分位、千分位和万分位，打印出结果。

② 小明需要为弟弟小强编写一个程序来帮助小强学习小学二年级的加法。小强要求输入两个数，然后帮他算出第一个数加第二个数的和并输出在屏幕上，以便核对答案。输入格式要求有3种，分别为

```
5+3
5+3=
5+3=?
```

请帮助小明编写一个程序，满足小强的要求。

7. 实训指导

① 注意数据类型的定义(题目暗示了数据类型)，不能使用 float。

② 输入数据类型与变量定义的匹配(特别是格式匹配)。例如,输入:

5+10

5+10=

5+10=?

都是可以的,输出格式不需要说明。

③ 强调变量先定义,后使用。

④ 注意 scanf,系统不检查“&”符号的丢失。

⑤ 注意定义与读取的先后顺序。

实训3　运算符与表达式

1. 实训目的

掌握C语言运算符的用法,特别是数学中不存在的取模和整除的用法;掌握逻辑运算符的功能;掌握表达式的正确用法。

2. 实训类型

实训。

3. 实训学时

2学时。

4. 实训原理及知识点

① C语言运算符的用法。

② 取模和整除的用法。

③ 逻辑运算符的功能。

5. 实训环境(软件环境、硬件环境)

① 软件:Windows 操作系统,Dev-C++集成开发环境。

② 硬件:CPU 奔腾Ⅲ,内存 256 MB 以上(最好 512 MB 以上)。

6. 实训内容及步骤

① 输入任意3个整数,要求从大到小排列并输出结果。

② 尝试4个数的排序过程并输出结果。

7. 实训指导

(1) 程序编写要点

① 设定程序逻辑。

a. 确定程序的逻辑关系;

b. 判断值的大小(3种情况:大于、小于和等于)。

② 编写相应代码。

a. 注意输入语句中的“&”符号;

b. 注意逻辑语句间的相互影响。

③ 测试结果。

a. 注意测试所有的情况；

b. 测试不正确时不要急于修改，有时错误不是代码错误，而是逻辑错误。

(2) 程序阅读要点

① 分段了解程序逻辑(必要时注释掉部分代码)。

② 采用变量跟踪的方法分析变量的值。

③ 对已经分析的逻辑使用流程图记录分析的结果。

④ 注意阅读他人代码中的注释。

8. 编程步骤

① 首先编写一个两数排序的程序并验证。

② 编写 3 个数的程序，确定逻辑。

③ 输入可能的全部组合并验证。

④ 尝试在一个分支前提下测试 3 个数的排序。

⑤ 完成余下的分支。

实训 4　选择结构

1. 实训目的

掌握逻辑运算符和表达式的使用；熟练掌握 if 和 switch 语句的使用方法，并能使用它们解决遇到的问题；逐步掌握程序的分析方法。

2. 实训类型

实训。

3. 实训学时

2 学时。

4. 实训原理及知识点

① 逻辑运算符和表达式的使用。

② if 和 switch 语句的使用。

5. 实训环境(软件环境、硬件环境)

① 软件：Windows 操作系统，Dev-C++集成开发环境。

② 硬件：CPU 奔腾Ⅲ，内存 256 MB 以上(最好 512 MB 以上)。

6. 实训内容及步骤

① 设计一个程序，输入实型变量 x 和 y，若 $x>y$，输出 $x-y$；若 $x\leqslant y$，则输出 $y-x$。

② 设计一个程序，将从键盘输入的百分制成绩转换为对应的五分制成绩并输出。A：90 分以上，B：80～90(不含 90)，C：70～80(不含 80)，D：60～70(不含 70)，E：60 分以下(要求使用 if 和 switch 两种方式编程)。

7. 实训指导

编程步骤：

① 注意第一题的数据类型是 float。

② 第二题要求取整(int)。

③ 勿丢 break 语句。

④ 特别注意 default 语句的用法。

实训 5　循环结构(1)

1. 实训目的

掌握循环的使用;熟练使用 while 循环、for 循环,了解 do…while 循环和 goto 语句,能使用循环结构编程解决问题;了解常见的算法,了解递推、迭代和枚举的解题思路,并能用于解题。

2. 实训类型

实训。

3. 实训学时

2 学时。

4. 实训原理及知识点

① while 语句、do…while 语句和 for 循环的方法。

② 常用算法入门(递推、迭代、枚举)。

③ 程序调试训练。

5. 实训环境(软件环境、硬件环境)

① 软件:Windows 操作系统,Dev-C++集成开发环境。

② 硬件:CPU 奔腾Ⅲ,内存 256 MB 以上(最好 512 MB 以上)。

6. 实训内容及步骤

① 编程求 1!+2!+3!+…+15!。

② 编程求水仙花数。例如,$153=1^3+5^3+3^3$。

③ 编程求完数。例如,6=1+2+3(一个实数正好等于其因子和)。

7. 实训指导

编程步骤:

① 首先用数组实现一个反序输出的程序。

② 对于后两个题,尝试两种方式编程。

实训 6　循环结构(2)

1. 实训目的

掌握循环的使用;熟练使用 while 循环、for 循环,了解使用 do…while 循环和 goto 语句,能使用循环结构编程解决问题;了解常见的算法,了解递推、迭代和枚举的解题思路,并能用于解题。

2. 实训类型

实训。

3. 实训学时

2学时。

4. 实训原理及知识点

① while语句、do…while语句和for循环的方法。

② 常用算法入门(递推、迭代、枚举)。

③ 程序调试训练。

5. 实训环境(软件环境、硬件环境)

① 软件:Windows操作系统,Dev-C++集成开发环境。

② 硬件:CPU奔腾Ⅲ,内存256 MB以上(最好512 MB以上)。

6. 实训内容及步骤

① 编程打印乘法九九表(尝试包含行号和表头星号所在行)。

```
*   1   2   3   4   5   6   7   8   9
-------------------------------------
1   1
2   2   4
3   3   6   9
4   4   8   12  16
5   5   10  15  20  25
6   6   12  18  24  30  36
7   7   14  21  28  35  42  49
8   8   16  24  32  40  48  56  64
9   9   18  27  36  45  54  63  72  81
```

② 用循环控制打印下面由星号组成的图形。

图形(1)

```
*
* *
* * *
* * * *
* * * * *
* * * * * *
* * * * * * *
* * * * * * * *
* * * * * * * * *
* * * * * * * * * *
```

请按任意键继续。

图形(2)

```
* * * * * * * * * *
* * * * * * * * *
* * * * * * * *
* * * * * * *
* * * * * *
* * * * *
* * * *
* * *
* *
*
```

请按任意键继续。

图形(3)

```
* * * * * * * * * *
 * * * * * * * * *
  * * * * * * * *
   * * * * * * *
    * * * * * *
     * * * * *
      * * * *
       * * *
        * *
         *
```

请按任意键继续。

7. 实训指导

编程步骤：

① 写出乘法表的框架。

② 写出下半边的循环条件。

③ 写出表头。

④ 尝试根据行的特点输出行号。

⑤ 第二题尝试基于第一张图形改变参数来获得后面的图形或者重复部分代码获得。

实训7 函　　数

1. 实训目的

掌握函数的声明、定义与调用的格式，能正确编写函数的逻辑；掌握函数的参数与返回值的意义与作用；掌握递归的思想和程序编写特点；掌握递归程序的正确写法。

2. 实训类型

实训。

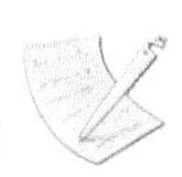

3. 实训学时

2 学时。

4. 实训原理及知识点

① 函数的定义与声明。

② 编写函数的逻辑。

③ 掌握递归程序的正确写法。

5. 实训环境(软件环境、硬件环境)

① 软件:Windows 操作系统,Dev-C++集成开发环境。

② 硬件:CPU 奔腾Ⅲ,内存 256 MB 以上(最好 512 MB 以上)。

6. 实训内容及步骤

① 求两个整数的最大公约数和最小公倍数。用一个函数求两个整数的最大公约数,用另一个函数根据求出的最大公约数求最小公倍数。

② [选做]用递归的方法求:若一头小母牛,从出生起第 4 个年头开始生一头母牛,按此规律,第 n 年时有多少头母牛?

③ [选做]采用递归思路求 $n!$。

7. 实训指导

(1) 编程步骤

① 写出非函数的程序逻辑。

② 将写出的代码包装成函数。

(2) 编写步骤

① 按递归思路分析。

② 找出递推公式。

③ 编写递归代码。

实训 8　数　　组

1. 实训目的

掌握一维数组的方法与格式;熟悉一维数组的编程技巧,能够通过编程解决一维数组编程中常见的问题;熟悉字符串操作函数;熟悉基本的排序与查找算法。

2. 实训类型

验证。

3. 实训学时

2 学时。

4. 实训原理及知识点

① 一维数组的方法与格式。

② 字符串操作函数。

③ 排序与查找算法。

5. 实训环境(软件环境、硬件环境)

① 软件:Windows 操作系统,Dev-C++集成开发环境。

② 硬件:CPU 奔腾Ⅲ,内存 256 MB 以上(最好 512 MB 以上)。

6. 实训内容及步骤

① 从键盘读入一个字符串(长度不超过 20 个字符),判断其是否为回文。

提示:字符串的实际长度最好调用 strlen 函数来进行计算。使用系统提供的字符串函数要注意包含头文件 string.h。建议函数原型为"int Judge(char s[])",若不是回文返回 0,是回文则返回 1。在 main 函数中定义一个字符数组并输入值,将此字符数组作为实参调用 Judge 函数得到判断结果,根据该结果输出字符串是不是回文的信息提示给用户。

② 数组中包含了 10 个从大到小的整型数,输入一个待查找的数,用二分法查找有没有这个数,如果有,输出它的序号;如果没有,输出相应提示信息。

提示:折半查找法也称为二分查找法,它充分利用了元素间的次序关系,采用分治策略,可在最坏的情况下用 $O(\log n)$完成搜索任务。它的基本思想是将 n 个元素分成个数大致相同的两半,取 $a[n/2]$与欲查找的 x 作比较,如果 $x=a[n/2]$则找到 x,算法终止;如果$x<a[n/2]$,则我们只要在数组 a 的左半部继续搜索 x(这里假设数组元素呈升序排列);如果 $x>a[n/2]$,则我们只要在数组 a 的右半部继续搜索 x。

7. 实训指导

编程步骤:

① 设计思路,将条件分析清楚。

② 建议手工模拟过程。

③ 编写程序。

④ 通过输出对程序逻辑进行调试。

⑤ 运行并输入数据进行测试。

实训 9　数组、函数综合训练

1. 实训目的

提高数组与函数等知识点的使用熟练度;结合数组与函数的功能综合应用与编程实践。

2. 实训类型

验证。

3. 实训学时

2 学时。

4. 实训原理及知识点

① 数组作为函数的参数。

② 排序。

③ 结构体数组的使用。

5. 实训环境(软件环境、硬件环境)

① 软件:Windows 操作系统,Dev-C++集成开发环境。

② 硬件:CPU 奔腾Ⅲ,内存 256 MB 以上(最好 512 MB 以上)。

6. 实训内容及步骤

① 编写冒泡排序函数,数组中有 10 个随机整数,在函数中从大到小排序,并在主函数中输出结果。

② 编写选择或插入排序函数,完成第一题的要求。

7. 编程提示

① 可以使用多种排序方法完成程序。

② 注意数组作为参数的传递方法。

③ 结构体定义后有一个分号。

8. 实训指导

编程步骤:

① 设计思路,将条件分析清楚。

② 手工模拟过程。

③ 编写程序。

④ 通过输出对程序逻辑进行调试。

⑤ 运行并输入数据进行测试。

实训 10　结　构　体

1. 实训目的

能够正确理解结构体、联合体和枚举;熟练掌握结构体的使用,综合运用结构体和函数与结构体和数组之间的关系。

2. 实训类型

验证。

3. 实训学时

2 学时。

4. 实训原理及知识点

① 结构体的基本格式。

② 结构体数组的排序。

③ 结构体数组的检索。

5. 实训环境(软件环境、硬件环境)

① 软件:Windows 操作系统,Dev-C++集成开发环境。

② 硬件:CPU 奔腾Ⅲ,内存 256 MB 以上(最好 512 MB 以上)。

6. 实训内容及步骤

定义一个学生结构体,包括学号、姓名、3 门课成绩。定义 5 个学生,从键盘输入学生的数据。要求编写函数实现：

① 输出学生的所有数据。

② 输出3门课的平均成绩(只是3门课的平均成绩，一共3个输出数据)。

③ 输出总成绩最高的学生数据。

④ [选做]将学生的信息根据总成绩排序输出。

7. 编程提示

① 编写结构体。

② 注意数据的输入与验证。

③ 采用恰当的排序方法。

8. 实训指导

编程步骤：

① 设计思路，将条件分析清楚。

② 手工模拟过程。

③ 编写程序。

④ 通过输出对程序逻辑进行调试。

⑤ 运行并输入数据进行测试。

实训11 指　　针

1. 实训目的

掌握指针的基本概念与用法，能够正确理解指针和动态内存分配；熟练掌握指针与函数和指针与结构体，综合运用链表和字符指针。

2. 实训类型

验证。

3. 实训学时

2学时。

4. 实训原理及知识点

① 指针的基本概念与用法。

② 指针与数组的混合应用。

③ 内存空间的动态分配。

5. 实训环境(软件环境、硬件环境)

① 软件：Windows 操作系统，Dev-C++集成开发环境。

② 硬件：CPU 奔腾Ⅲ，内存256 MB以上(最好512 MB以上)。

6. 实训内容及步骤

① 练习使用指针编程求3×4的二维数组{1,3,5,7,9,11,13,15,17,19,21,23,25}的所有数组元素的对角线之和。

② 利用动态内存空间分配的方法，输入任意学生成绩，找出最高分、最低分，并计算出总

分、平均分。要求不能浪费内存空间,在确定人数后进行动态内存空间分配。

7. 编程提示

① 注意指针的格式。

② 注意动态内存空间的回收,防止内存泄露。

实训12　文　　件

1. 实训目的

掌握文件的基本概念,学会使用文件来存储并访问数据;熟悉并掌握文件访问函数。

2. 实训类型

验证。

3. 实训学时

2学时。

4. 实训原理及知识点

① 文件的基本概念。

② 文件访问函数。

5. 实训环境(软件环境、硬件环境)

① 软件:Windows 操作系统,Dev-C＋＋集成开发环境。

② 硬件:CPU 奔腾Ⅲ,内存256 MB以上(最好512 MB以上)。

6. 实训内容及步骤

正文文件 score.txt 中,按如下格式存有考研人员的分数。

姓名	政治	英语	数学	专业课
张华	49	51	70	89
李明	38	67	114	120
王涛	51	59	98	110
王月	49	70	103	122
赵胜	55	44	112	125
钱伟	59	69	57	132

已知公布的录取分数线为

政治:45　英语:45　专业课:68　数学:68　总分:315

编写一个程序,将所有被录取的人员情况输出。

7. 编程提示

① 编写程序将数据存入文件。

② 另外编写程序读取这些文件中的数据。

③ 注意数据读取后最好进行验证。

④ 采用恰当的文件访问方式。

附录Ⅲ ASCII 码 表

二进制	十进制	十六进制	缩写/字符	解释
00000000	0	00	NUL(null)	空字符
00000001	1	01	SOH(start of headling)	标题开始
00000010	2	02	STX (start of text)	正文开始
00000011	3	03	ETX (end of text)	正文结束
00000100	4	04	EOT (end of transmission)	传输结束
00000101	5	05	ENQ (enquiry)	请求
00000110	6	06	ACK (acknowledge)	收到通知
00000111	7	07	BEL (bell)	响铃
00001000	8	08	BS (backspace)	退格
00001001	9	09	HT (horizontal tab)	水平制表符
00001010	10	0A	LF ,NL(line feed, new line)	换行键
00001011	11	0B	VT (vertical tab)	垂直制表符
00001100	12	0C	FF,NP(form feed, new page)	换页键
00001101	13	0D	CR (carriage return)	Enter 键
00001110	14	0E	SO (shift out)	不用切换
00001111	15	0F	SI (shift in)	启用切换
00010000	16	10	DLE (data link escape)	数据链路转义
00010001	17	11	DC1 (device control 1)	设备控制 1
00010010	18	12	DC2 (device control 2)	设备控制 2
00010011	19	13	DC3 (device control 3)	设备控制 3
00010100	20	14	DC4 (device control 4)	设备控制 4
00010101	21	15	NAK (negative acknowledge)	拒绝接收
00010110	22	16	SYN (synchronous idle)	同步空闲
00010111	23	17	ETB (end of trans. block)	传输块结束
00011000	24	18	CAN (cancel)	取消
00011001	25	19	EM (end of medium)	介质中断
00011010	26	1A	SUB (substitute)	替补
00011011	27	1B	ESC (escape)	溢出
00011100	28	1C	FS (file separator)	文件分割符

续 表

二进制	十进制	十六进制	缩写/字符	解释
00011101	29	1D	GS (group separator)	分组符
00011110	30	1E	RS (record separator)	记录分离符
00011111	31	1F	US (unit separator)	单元分隔符
00100000	32	20	(space)	空格
00100001	33	21	!	
00100010	34	22	"	
00100011	35	23	#	
00100100	36	24	$	
00100101	37	25	%	
00100110	38	26	&	
00100111	39	27	'	
00101000	40	28	(	
00101001	41	29	)	
00101010	42	2A	*	
00101011	43	2B	+	
00101100	44	2C	,	
00101101	45	2D	—	
00101110	46	2E	.	
00101111	47	2F	/	
00110000	48	30	0	
00110001	49	31	1	
00110010	50	32	2	
00110011	51	33	3	
00110100	52	34	4	
00110101	53	35	5	
00110110	54	36	6	
00110111	55	37	7	
00111000	56	38	8	
00111001	57	39	9	
00111010	58	3A	:	
00111011	59	3B	;	
00111100	60	3C	<	
00111101	61	3D	=	
00111110	62	3E	>	
00111111	63	3F	?	
01000000	64	40	@	

续 表

二进制	十进制	十六进制	缩写/字符	解释
01000001	65	41	A	
01000010	66	42	B	
01000011	67	43	C	
01000100	68	44	D	
01000101	69	45	E	
01000110	70	46	F	
01000111	71	47	G	
01001000	72	48	H	
01001001	73	49	I	
01001010	74	4A	J	
01001011	75	4B	K	
01001100	76	4C	L	
01001101	77	4D	M	
01001110	78	4E	N	
01001111	79	4F	O	
01010000	80	50	P	
01010001	81	51	Q	
01010010	82	52	R	
01010011	83	53	S	
01010100	84	54	T	
01010101	85	55	U	
01010110	86	56	V	
01010111	87	57	W	
01011000	88	58	X	
01011001	89	59	Y	
01011010	90	5A	Z	
01011011	91	5B	[	
01011100	92	5C	\	
01011101	93	5D	]	
01011110	94	5E	^	
01011111	95	5F	_	
01100000	96	60	`	
01100001	97	61	a	
01100010	98	62	b	
01100011	99	63	c	
01100100	100	64	d	

续表

二进制	十进制	十六进制	缩写/字符	解释
01100101	101	65	e	
01100110	102	66	f	
01100111	103	67	g	
01101000	104	68	h	
01101001	105	69	i	
01101010	106	6A	j	
01101011	107	6B	k	
01101100	108	6C	l	
01101101	109	6D	m	
01101110	110	6E	n	
01101111	111	6F	o	
01110000	112	70	p	
01110001	113	71	q	
01110010	114	72	r	
01110011	115	73	s	
01110100	116	74	t	
01110101	117	75	u	
01110110	118	76	v	
01110111	119	77	w	
01111000	120	78	x	
01111001	121	79	y	
01111010	122	7A	z	
01111011	123	7B	{	
01111100	124	7C	|	
01111101	125	7D	}	
01111110	126	7E	～	
01111111	127	7F	DEL (delete)	删除

参 考 文 献

［1］ 肖波安，刘华富. C 语言项目化实践教程. 上海：复旦大学出版社，2012.

［2］ 杜红燕，刘华富. C 语言程序设计教程. 上海：复旦大学出版社，2012.

［3］ 戴特尔. C 大学教程. 4 版. 北京：清华大学出版社，2007.

［4］ HORSTMANN C，BUDD T. C＋＋大全. 2 版. John Wiley & Sons，2008.

［5］ LIPPMANS B，LAJOIE J，MOO B E. C＋＋ Primer. 4 版. 北京：人民邮电出版社，2006.

［6］ ECKELB. Thinking in C＋＋：Volume One：Introduction to Standard C＋＋，Second Edition&VolumeTwo：Practical Programming. 北京：电子工业出版社，2006.

［7］ 斯特朗斯特鲁普. C＋＋程序设计语言：特别版・十周年中文纪念版. 裘宗燕，译. 北京机械工业出版社，2010.